完美逆袭系列之

童 言/著

此刻决定蜕变

漓江出版社

很荣幸被邀请到各大学演讲

在上海书展接受采访

职场准则：高调做事　低调做人

目录

第0章　独白　003

一、逆袭女王　004

二、为什么要逆袭　007

三、我的黑色励志很阳光　010

第1章　预备，蜕变　017

一、你甘心吗？　018

二、做更出色的自己，来一场华丽蜕变　023

第2章　变身，人气王　027

一、角色管理　029

二、我不是生来的高EQ　056

三、拿什么安放你的势利眼　086

第3章　变身，大才女　097

一、光美慕有P用　098

二、竞争力，成为让人嫉妒的女人　110

三、SWOT分析坚定高学历才女梦　123

四、适时聪明　128

第4章　变身，俏佳人　137

一、这才是写着我名字的衣服　138

二、自然美肌，轻松呼吸　141

三、赘肉甩不掉，还怎么有脸活　144

第5章　变身，也要贵人相助　149

一、秀，没什么了不起！　150

二、天空海阔，做最坚强的泡沫　155

第6章　爱情观，也要变　165

一、爱情攻心计　166

二、放开放下　173

三、结婚你怕了吗？　184

小　憩　196

第❶章

独白

一、逆袭女王

《完美逆袭 I》的小畅销，瞬间把我送进了作家队列。出版至今也不过几个月的时间里，发生了许多新鲜事，让生活更加多姿多彩——接受了数十家媒体采访，被上千家媒体报道，登上了杂志封面，开了签书会，OMG，居然还在10周年的上海书展上了畅销排行榜，被邀请到大学里去开讲座，WOW，那满场的热情。开始有读者，有粉丝，有努力来找寻我联络方式、说喜欢我的陌生人……

这些“陌生人”的神奇力量在于，将我原本小圈子的生活，变得有弹性——以前对我而言，人类分成认识的和不认识的两种，而现在，多了一种，处在相识的边缘，虽不认识但知道我的故事，甚至懂我的人。

我一直称自己是作家界打酱油的，看到某一热门女性时尚网站采访我的文章在好长一段时间居于阅读量第一名，还和我的女神高圆圆、小S出现在同一版面上，我真是有些受宠若惊了。在一次受邀参加的时尚盛典上，我被归在作家圈出席。因为几位作家被安排在一起走红毯，所以活动之前，主办方特地引见我们认识。彼此介绍一圈，我心想自己还真是不辜负自封的“酱油”称号，新朋友中有已经写了七八本小说的，有写的小说已经被拍成热门电影的……那才是作家吧……

突然被称呼为作家让我有些不好意思，起初写书的目的是想给自己留个纪念，若是能带给读者们一些励志启发，那就更圆满了。倒真没想到书能受到那么多人的喜欢，不断有认识或不认识的人给予鼓励和期待，也有好多读者朋友们私信我一些自己的困扰，期待我能够给她们解决难题的灵感……这种被信赖的感觉，让原本只专注在自己的生活里奋斗的我，对那些不相识的读者们产生一种责任感，因为平日里就不喜欢让别人等我，所以写这第二本书自然也不敢怠慢，随时督促自己将发生在身边的素材记录下来，好早日浓缩成一本诚心诚意的心得，分享给大家。

我没有像普通人认为的结了婚以后过着“少奶奶”的生活，要真是那样，也没有什么立场写书说“奋斗”了。我热爱事业，事业就是我生活的一部分。相信我，我正在做的和我即将要做的都比你们想象中多很多。

之前在采访中，有人问我，什么是逆袭？我的理解是——改变，向上的改变。

以前参加宴会，我是那个被领导带着向别人敬酒的人，在交流中让对方在短时间里就能接收到“我是个优秀人才”的信息，将自己推销出去；现在参加宴会，我是那个领导带着人来引荐的“别人”，听着小女孩儿们在交流中让我在短时间里就能接收到“她是个优秀人才”的信息，将自己推销给我。

以前开会，我是那个坐在最边上的位置奋笔疾书会议纪要的助理；现在开会，我是那个坐在中间参与讨论、我的观点和看法也会起到重要作用的与会者。

以前参加讲座，我是那个在台下的专注听众，望着台上的演讲者；后来成为介绍演讲者出场的主持人，侧身看着边上的演讲者；现在参加讲座，我是那个站在台上发言的演讲者，观察着听众们的表情，分享着我能够分享的东西。

以前是会跑到偶像面前让她给我在她的书上签个名的读者，现在是读者跑到我面前让我给她在我的书上签个名的“作家”……

从凝望者，变成被凝望者，这大概就是逆袭。

对我而言，童言不是“童言”，生活不会止在“王子和公主从此幸福地生活下去”的童话，婚后真实的人生还是在脚踏实地地过。就像我正在进修MBA（国际工商管理硕士学位）一样，我仍然会给自己列新的挑战，不断突破。从最普通变得不普通，让自己有朝一日真真正正地成为逆袭女王。

我也会毫无保留地将自己的心得体会写出，集结成册，一本一本，与大家共勉。希望在教学相长、以书会友的过程中，大家都能成为逆袭生。

二、为什么要逆袭

之前去给很多场合做过“完美逆袭”分享会，我就问大家：“你们为什么来听我的分享？”很多人回答：“因为我们也想要逆袭。”

我接着问：“为什么要逆袭？”

“因为想要改变啊！”

“那么你们觉得，逆袭后，最大的改变是什么？”

这时候众说纷纭，有说可以变得有钱，有说可以变得成功……然后渐渐安静，大家都看着我，等待我的理解。

其实他们说的都有道理，逆袭确实可以改变很多东西，带来很多东西，但其中我认为最大的，以及得到后又不太容易再逆反失去的，是——圈子。

我的微信朋友圈真的很有趣，前一条是有人晒他在超跑俱乐部的一排豪车，后一条是有人晒她在简朴而凌乱房子里带小孩配上碎念老公的文字，再往下刷是有人晒他的第26家分店，然后再是有人晒她在公司加班的抱怨……除了读者粉丝们，我的朋友圈真是容量大范围广，“土豪”也有，“好土”也有。这就是“逆袭女”的乐趣，旁观截然不同“世界”里的生活。其实这些世界，没有一定谁比谁的更好，而是在于，你要什么。当然，我相信大部分人要的还是“高大上”。

有人说：“戴三百块的表和三十万的表，时间是一样的；喝三十块的酒和三千块的酒，呕吐是一样的；住三十平方米的房子和三百平方米的房子，孤独是一样的……”

但我更赞同：“戴三百块的表和三十万的表，时间是一样的，可品质感是不一样的。喝三十块的酒和三千块的酒，呕吐是一样的，但口感天差地别。住三十平方米的房子和三百平方米的房子，孤独是一样的，但后者显然能带来更多舒适和慰藉。物质不能取代精神生活，但努力正当地为自己和家人创造更好的物质生活，同样是光荣美好的事。”

一次，有个老同学加我的微信，隔了好久没有声音，有天突然问了我一个问题：“你的书是自己出的吗？”意思是问我的书是不是自己花钱印几本发发的。因为问得好玩，我当时只是发了个笑脸没有回答，心里想：“你倒是去写本书，看有人愿意帮你出吗，出了以后有人愿意帮你发行吗，发行后有人愿意来采访你吗，你写的书上得了销售排行榜吗，有人愿意付你版税吗……大陆每年有成千上万种书出版，其中无人问津的占多少？自己印几本自己发？我哪有空！”可放下手机后，不禁感叹起来，原来毕业后的那么多年，真的已经让不同的人踩出了不同的道路，尽管当初我们坐在同一间教室里，吹着同样的风扇，可如今，站在他的高度已经看不懂我的实力……

逆袭还有个作用，是能够让你由外而内地改变。当你的外在圈子变化后，你的品位也受周遭的影响熏陶，懂得哪些是真正的好东西，哪些只是骗骗暴发户的假高档，认识哪些是真正的大家，哪些只是糊弄不懂行的伪秀才。

更重要的是，朋友圈的提升，让你的修养也能在熏陶中潜移默化地提升。

以我两个男性友人为例，论绅士都是绅士，只是对绅士的标准，两人各有不同。一个是香港人，某大企业的高层，以前我在上海的时候，他每次来出差，我们几乎都会约着吃饭喝酒聊聊天，每次也都谈天说地到很晚。无论多远，他必然打车将我送到家门口。我住郊区，他从市中心护送，再返回，路上几乎要花近两个小时。有时我不好意思，婉拒，说上海可是我的主场，安全得很。可他认为，那是基本。大晚上的，让女孩子单独回家，是绝对不被允许的。他在公司邀请员工聚餐，也是如此，结束后，一定会指派男生分别护送女生安全到家。

那另一个朋友呢，是我曾经的同学，我每次从台湾回上海，都会约几个镇上的朋友出来吃饭。他是镇上长大的“纯朴孩子”，除了念大学，几乎没走出过这个镇，工作也是在这里。每次聚完，他和另外一个男生被要求分别打车送几个女孩子回家，他是会送，但若是时间太晚了，着急回家，他会丢下我们自己先走。

所以，有时，离开了一个圈子，再回来“探探亲”，对很多事很多行为你就看不太懂了。“探亲”的时候你就“客随主便”，别较真了，因为这无关对错。但实际上，这说明大家的观念已经不同了，你已经熟悉了你的新圈子，习惯、教养、修为也都已经融入，和原来不一样了。

前一本书里，我说：你有什么样的智慧和底蕴，才可以吸引配得上这样智慧和底蕴的机会与伴侣。

这本书里，我说：你想拥有什么样的智慧和底蕴，就争取去进入一个具备如此智慧和底蕴的圈子。

三、我的黑色励志很阳光

我呢，一不是知心姐姐那一款，二不爱看恶俗的心灵鸡汤。我写的东西，是励志，但更是坚强，是和你们分享好好地看看现实的残酷，然后从骨子里练出那种志气，并找到方向和方法给自己杀一条出路。

最烦看到这样的帖子或者听到这样的教导：聪明的女人应该如何如何，成功的人一定会做的几件事，幸福的婚姻太太都在做的几件事，失败男人背后的女人有哪些特点……每次看到，我都想说，你是谁啊？都不了解别人，就对别人指手画脚，一副好为人师的模样。

微信朋友圈里那些每天要转十几条心灵鸡汤的人都被我屏蔽掉了。比如有次看到个帖子："宠出来的孩子——危险，捧出来的孩子——霸道，苦出来的孩子——懂事，博出来的孩子——成功……"整篇什么辅证都没有，就干巴巴的几句"排比句"，我心里真想一百个白眼翻死它，片面言论，说的跟没说一样。这种就叫"废帖"，浪费时间，浪费流量。

现在网络读物很多，读者朋友们不要把什么都当真理，要知道那些都是人写的，而且你搞不清楚是什么人写的，有时甚至会出现全然相悖的说法，听谁的？所以凡事要有自己的判断。

在微博上看到这样一段："很多时候，我们总以为自己做出了错误的选择，总以为自己停滞不前，甚至以为自己进入了错误的行业，总觉得拼了命也看不到成果，但是我们还是坚信，我们会像竹子一样，不是没有成长，而是在扎根。同意请怒赞。"

我只留言："努力+反思+拨正"捆绑进行，才叫扎根。不要太迷信心灵鸡汤，结合自己的情况辩证地看待分析，才有进步。

这算回复得客气的，要不是有V认证，换我的毒舌，早想更直白地提醒那些盲目怒赞的人——若是一直一直停滞不前，那就真的要反思是不是做了错误的选择，若是，就拨正，若不是，请坚持。要是大方向错了，再坚持下去，不是反而和真正期望的南辕北辙了吗？

曾经有个人很突兀地给我留言，没打招呼就丢给我一个问题"怎么变成功"，我心里想，当我这里是什么啊？我可没有一句话就搪塞过去的伪鸡汤灌给你。这种大问题，你应该自己细分一下再来问，几句话能提点你，那我自己早成仙了。我只分享我的心得方法，实践得靠你自己。看一百遍人家名人的成功学，看完就忘，自己做人做事还是那智商情商，有什么用？

鸡汤要挑着喝，不然小心补过头。

学过语文的都知道，写文章，若要阐述一个论点，你得有举例论证或者引用论证辅佐。而引用论证，我只相信那种真正大师的话。否则，那些不过是个人观点而已。拜托，麻烦你多举几个例子，要"摆事实讲道理"，告诉我，你那些理论是可被考虑的，你的"励志"不是空口说白话，不是站着说话不腰疼。

我跟身边人最常讲的一句话就是：“如果你告诉我一个跟我有关的结论，最好加上理由。”

若你告诉小朋友们，你要做什么不要做什么，如果相信他们会奉为圣旨地照办，那天真的就是你了，他们还是会趁你不注意的时候偷偷地逆你的意思。你得告诉他们为什么要做什么，为什么不要做什么，和他们平等交流对话，他们才能自己判断你的分析是否有道理。

以前我们经常可以在高铁上听到“请乘客们不要吸烟”的提醒。可还是有人会偷偷地跑到隐秘处吸两口，因为他觉得“有什么关系呢，不过就是吸两口烟，灭得干净，又不会有火灾。大惊小怪干吗？”后来我们就听到高铁广播会在“请乘客们不要吸烟”后加上这么几句：“因为一旦车内有旅客吸烟，烟雾报警系统就会自动报警。列车将会停止运行，请吸烟的乘客稍作忍耐，以免耽误全车人的行程。”这种解释一出，谁还敢冒此大不韪。

这表明，有些结论不是每个人都能理解、参透。你得清楚告诉他：WHY。

如果我换了两套衣服，让你告诉我哪套好看？你回答：“第一套。”我一定不会罢休。你给出理由：“因为第一套比较适合你。”我还是不会满意。直到你告诉我：“因为我觉得，第一套包臀短裙比较可以凸显你俏丽的臀线，第二套抹胸会露出你的手臂赘肉显得虎背熊腰。”那我必然果断放弃第二套。

所以，我想听你结论背后的理由，那理由也许不一定能说服我，但能够让我循着你的理由开拓我的思路。看别人的励志故事，也是如此。了解了脉络，才能分析到底哪些适合自己，哪些又只适合作者。有了理由，才有判断的基础，才不是把自己的观点强加于别人，才会知道人家写的未必都是真理，适合自己的才是硬道理。

我对于类似“XX的成功可以复制”这话持保留意见。都是不同的个体，有不同的优劣势，有不同的资源，有不同的理想，人家靠这成功了，你未必照着做也行得通。但是多看成功学好吗？——那总比不看好。但是光看没有用，得融为自己的。看别人当初的选择，你得结合自己的情况分析，自己和他的差异在哪里，向左走和向右走对自己的好坏影响；看别人当初摔倒了爬起来，你得分析自己的情势，应该是现在爬起来，还是先感受下哪里疼再爬起来，还是之前就该爬起来了，应该是左脚先起来，还是像作者那样右脚先起来……

就像MARKETING（营销），你在销售一种产品的时候，光说“我们的产品有多好多好”是不够的，你得告诉潜在客户“我们的产品有什么什么优点，这些优点对你的益处是……”

所以，我的分享，观点一定会有原因支撑，因为分析的过程可以看出我的思路和角度，而你们可能和我站在不同的思路或角度上，那么循着我的理由，你可以知道自己是不是完全不该做哪些事，适合做哪些事，哪些可以实践得更好……

所以，黑色是我会把现实毒舌地告诉你，阳光是我会把心得方法无保留地分享给你。

第1章

预备，蜕变

一、你甘心吗？

打开电视、登录网络……已经是00后当道的时代，90后在叹老，80后在怀旧……时间在追着每个人，环顾四周，你还是你，什么都没实现，就老了……只是过去的梦想在不知不觉中遗落，找不回来了……

你从幼儿园读到小学，到中学，到高中，承载父母殷切的期望，再读到大学，在大学些许喘息后，毕业，进入一家公司工作，“拿着卖白菜的工资操着卖白粉的心”，喝地沟油、吃塑化剂、开不起车、买不起房，忙忙碌碌黯淡无光地过着日子，每日的辛劳使你变得麻木、失落、挫折、空虚……最大的成就感恐怕是来自于在网络上把自己逼成愤青模样天真地以为社会真的会因你的一条转发而改变。可第二天起来，还是一如既往地挤公交、挤地铁，朝九晚五、按部就班……为了还贷款、为了让父母过上好日子、为了孩子的奶粉钱，忍气吞声，加班加点，收起张扬，释放淡漠，唯一的期待便是加薪、升迁，抑或是看在钱的分上跳个槽寻求新的突破……如果没有意外，你的未来不会有太大惊喜……一辈子就这样了……

你谈了几场恋爱，笑过、痛过、和密友在寝室彻夜谈心过……学生时代在学校里好歹也有小男生悄悄塞张纸条给你，写情书给你，站在巷弄口等你，为你义务辅导数理化，运动会上跑第一后用余光瞄瞄你是否有看到他的光辉，放学送你回家……你也拥有过象牙塔里的爱情，舒服得连空气都是甜的，直到临近毕业，在纯情和现实中与你的他迷茫、惆怅……到了适婚年龄，咬咬牙找一个还过得去的人结婚、生子……无论你曾经是屌丝还是女神，接下去的日子也不过柴米油盐酱醋茶……爱情终究还是败给了面包……

你看着那些在荧光幕前比你年龄还小的明星穿着华贵的礼服走在星光红地毯上，她们可能没你漂亮、没你聪明、学历没你高、修养没你好，但她们的举手投足都在闪光灯下，有众多铁杆 FANS 追随捧场，光代言一支广告就抵你 5 年的工资，聪明一点的赖着明星的光环投资自己的品牌，最不济的起码也有作品留世，一部电影、一部电视剧、一张唱片、一本书……相比之下，你那几年的存款都还没够一套房子的首付吧？

有些歌最能触动你：

青春如同奔流的江河

一去不回来不及道别
只剩下麻木的我没有了当年的热血
看那漫天飘零的花朵
在最美丽的时刻凋谢
有谁会记得这世界你来过

转眼过去多年时间多少离合悲欢
曾经志在四方少年羡慕南飞的燕
各自奔前程的身影匆匆渐行渐远
未来在哪里平凡，谁给我答案
那时陪伴我的人，你们如今在何方
我曾经爱过的人，现在是什么模样

当初的愿望实现了吗
事到如今只好祭奠吗
任岁月风干理想再也找不回真的我
抬头仰望着满天星河
那时候陪伴我的那颗
这里的故事你是否还记得

人民日报：80后集体暮气沉沉，感觉不会再爱了。一群80后大叹“老了”“心好累，感觉不会再爱了”。对身处变革时代的年轻人而言，生活像不断加速的跑步机。若说“叹老”只是情绪释放，那精神上“早衰”值得警惕。年轻人少了朝气和锐气，年轻人不应是敢想敢干吗？为什么像是从少年直接迈入中年？

新观察：80 后暮气重因无爹可拼。80 后一代集体变“老”了，本该朝气蓬勃的青年显得暮气沉沉。不是不懂生活，是压力让人不堪重负，休假对于大多数人仍是“纸面上的权力”，高学历好人品不如“好爹”，拼命赚钱养老育小，却不知自己将来何处落脚。享受现在，不是不想，而是不能。

如果你因此埋怨社会——为什么这不是一个鼓励“多元”的地方，小时候你明明是绘画独有天分，或是运动细胞发达的潜力体育健将，抑或是爱摆弄文字想象力超凡的写手……你明明有一技之长，理应顺应强项追逐梦想，可为什么大家都在笑你数学分数不及格？考试排名中下？上课爱插嘴抢答？思绪喜天马行空地畅想？

如果你因此埋怨父母——为什么不依你的才华培养你，为什么不给你提供更加优越的条件，为什么非要灌输只有按照固定的模式行走人生，考个好大学，找个好工作，养家糊口，才是最终归宿？

别怪他们。

纵使观念不先进，理念不自由，他们也在用他们的方式爱你，教你他们认为对的，给你他们认为好的。毕竟父母的学历没有你高，书读得没你多。同样的年纪，他们那时还在各自搬着小椅子去看露天公共电影，可你已经在玩 IPAD MINI 了；他们那时天天吃酱油拌饭，难得一顿肉已经是美味佳肴，可你已经吃遍城里大小餐馆，点满一桌菜吃剩半桌眼睛都不眨地叫服务员结账。他们不是不想跟上你的脚步，他们受到太多世俗的影响，太多约定俗成定律的束缚，因为太爱你，他们不敢冒险……

大家都说“拼爹”，可有没有爹们在“拼小孩”的？人家把你生出来养那么大，他们都没“拼”你，你哪有脸“拼”他们？

你给自己成不了SOMEBODY（大人物，重要人物。反义词NOBODY：无名小卒）找了很多借口：没有倾城的美貌，没有天籁的歌声，没有缜密的聪慧，没有有力的关系……你何不想想身边随处可见屌丝的逆袭？在荧光幕上闪的那些如今圈内的一哥一姐们，哪个没经历过出道时的那股辛酸？你找的那么多借口里，唯独少了一条——狠狠努力的决心。

日本小学教育里有这样两个经典的等式：$1.01^{365}=37.8$，$0.99365^{365}=0.03$。什么意思呢？就是说：如果正常的付出和努力是1，那么多付出哪怕0.01，坚持365天，你将收获37.8，而少付出0.01，持续365天后，你只得到0.03。再看两个等式：$1.02365^{365}=1377.4$，$0.98365^{365}=0.0006$，你是不是发现——人和人的差距就起于这么一点点，积跬步以至千里，积懈怠以至谷底。

喜欢看侦探剧的朋友都知道每一个罪犯都有动机、隐情，当然，神经病除外。可谓：可恨之人必有可怜之处。可如果你从而认为环境的因素、教育的因素导致犯罪是可以想象甚至是可以理解的，我恐怕无法苟同。既然并不是每一个遭遇抛弃、家暴、贫穷、缺爱、陷害的人都会选择犯罪，那就没有理由将沉沦和堕落完全归咎于外部因素。有多少比你处境更糟的人仍旧坚持自强不息，那你有什么借口放弃。同样的起点，自己才是在每个岔路口的选择人。一直都是如此。

超越别人，就是在别人休息的时候，别人停滞不前的时候，别人惆怅的时候，你在全力以赴。你想过普通的生活，就会遇到普通的挫折；你想过上最好的生活，就一定会遇上最强的伤害。世界很公平，你想要最好的，就一定会给你最痛苦的！能闯过去，你就是赢家。闯不过去那就乖乖做个普通人！

二、做更出色的自己，来一场华丽蜕变

当我年轻时我梦想改变世界；当我成熟后，我发现我不

能改变世界，我将目光缩短，决定只改变我的国家；当我进入暮年，我发现我不能改变国家，我的最后愿望仅仅是改变一下家庭，但这也不可能。当行将就木，我突然意识到：如果一开始我仅仅去改变自己，我可能改变家庭、国家甚至世界。

——威斯敏斯特教堂碑文

如果此时的你还在花季雨季，我只会轻轻对你说：好好享受懵懂，好好享受朦胧。THAT'S IT（就这样）！

如果此时的你过了18岁，亲爱的，你已经有足够的智慧来计划梦想、规划人生。别赖皮觉得时间太早，越早思考可以越少走不该走的弯路：早孕、堕胎、误交坏朋友、闯下不可逆返痛悔一生的祸……而多走该走的弯路：失恋、失败、在挫折中健康成长……也别嫌弃时间太晚，用不着着急那么一两年去学比尔·盖茨、乔布斯，因为世上没有多少个他们。不论你正在从事什么、将来打算从事什么，该受的教育都是必须受的。工作后你会发现，受过良好教育的人的思路和没有受过教育的人的思路完全是在两个频道上，理解能力、领悟能力、表达能力、学习能力都会有差异。

某杂志对全国60岁以上的老人抽样调查，第一名：75%的人后悔年轻时努力不够，导致一事无成；第二名：70%的人后悔在年轻的时候选错了职业；第三名：62%的人后悔对子女教育不当；第四名：57%的人后悔没有好好珍惜自己的伴侣；第五名：49%的人后悔没有善待自己的身体。

所以女孩儿们，不是官二代没关系，你能成为官一代。不是富二代没关系，你能成为富一代。不是星二代没关系，你能成为星一代。只是一路上多艰辛些罢了。哪怕这些你都成为不了，你能成为一个不后悔的自己。老了以后，回忆一下，你的人生也许比他们都精彩，都有意义。那些苦是甜美的，而甜是芳香的。

当你离开象牙塔的那一刻，恭喜你，也对不起，你即将迎来蜕变。在社会这座钢铁耗材中，步步惊心，步步惊情，步步需经营。

第2章

变身，人气王

书刚发行的几个月里，是我“身份”最多的时期。作家身份就不多提了，之前已经略有描述。

新晋人妻是其中相对“简单”的，这得感激我先生，给我太多的爱、包容和支持，让我有时间心理调适和习惯调适，复杂的大家族里的生活，从担忧不安到游刃有余，从畏惧婆婆到能和婆婆手拉手出去散步聊天谈心，从排斥牵涉到家族分产风波到从容自信地找到自己的生活模式……其中心得，也会在本书之后的章节中分享。

创业是最辛苦的，这个“身份”让我每天要杀死好多脑细胞，得考虑方方面面，平衡得失。

“身份”中最需要智慧待人处事的恐怕得属它了——企业主管。

> 离开DSA，几个月后我辗转被邀请回到DSE任职……由于我和老公认识的缘分是在DSA，所以这里只讲在DSA时作为职场菜鸟“过关斩将”的工作经历，对DSE的工作就不在此书中细说了。就像大家可以想象到的世界五百强大企业的规模，DSE就是那样傲人的姿态。
>
> ——摘自《完美逆袭：我的幸福攻略》

一年前书发行的时候，我还未辞去那家“傲人”企业的职务。第一本书里一笔带过的经历，在这本书里会酌情分享。

很难想象吧？起初，我担心同事中有人会发现和议论我的其他身份，尤其是“出书的作家”，况且那书里记录了太多我不想对熟人说的事，因为那种尴尬感就像是明知坐在我身边的人翻过我的日记可我还要若无其事地与之讨论项目、开会共事一样。多怪！正如我的座右铭“高调做事，低调做人”，我喜欢我的产品、事迹、成就被大家谈论，但不习惯自己本人“曝光”在大家面前。几千个人的公司里，人际复杂，每个人都有自己的心思，作为主管，我该以什么姿态面对下属、同事、上级和潜在的“敌意”？这项亲身实践便引出了我将在这本书里与大家分享的“角色管理”，如何在企业里化尴尬为资本，逐个击破隐患，将减分项变成加分项，其实，这还真不是个小课题。

一、角色管理

我一个朋友 LUCAS，销售经理，80 后，很有投资头脑。他信奉香港富豪李嘉诚的一句话“不要小看一块钱”。凭着这句话，短短两年时间，他从开大众到开凯美瑞，再两年时间，从凯美瑞换成奔驰，又过了半年，购入一辆宝马，几部车换着开。最近又听他说过两天要把奔驰换成保时捷了……令人钦佩的地方不仅在于他的“吸金”本领，更是在于钱越来越多以后，他没忘记自己当下的身份——公司职员。他清晰知道自己所拥有的一切都源自目前这个平台，所以他很珍惜，也很低调。去见客户的时候开奔驰，用他的话说是为了给客户信心，显示公司的绩效不错，这样可以带来更多的订单。但是到办公室上班，他还是换回旧车，理由是：车子不能比老板开的还要好。

这就是我想说的“角色管理”：对自身的各种角色进行管理，兼管好不同的身份，发挥其最大效用，用清晰的角色定位组合成最完整和完美的自己，借此创造更优的生活。别以为这个词直白易懂，NO！理解是一个阶段，理解透彻是另一个阶段，而做到则是更高的阶段。

此刻，你扮演哪些角色？

我的可爱女人们，同时间，你在扮演哪些角色？母亲、妻子、女儿、媳妇、上班族、创业派……那请问，细化后，给这些角色名词加上前缀，会是什么？

伟大的母亲？幸福的娇妻？孝顺的女儿？敬畏的媳妇？兢兢业业的上班族？……

还是：碎碎念的母亲？疑神疑鬼的妻子？目无尊长的女儿？和婆婆剑拔弩张的媳妇？偷懒的草莓族员工？

抑或是：把老公当成儿子对待到后来两者傻傻分不清楚的妻子？把同级当下级对待莫名其妙积了一大堆怨念的天兵职员？上班偷菜家里加班诅咒上司一辈子不举的阴思下属？

前两天与朋友喝茶，听她说起她公司有个同事，家里挺有钱，上班会时不时冒出抱怨："哎哟，我都不知道为什么我要来上班！""为什么还不放假，我都想去欧洲度假。"……

如果她去上班并不是想以此为事业，而是"过渡性停留"，也许是为了打发时间，也许是为了结交朋友……若是如此，她倒是确实可以不 CARE 当下的工作，反正可有可无。可如果她是把这份工作列入事业的，当成学习、锻炼和积累经验的平台，可能是短暂的磨炼，可能是希望在这条路上有所突破和升华。无论时间长短，她都需要将与工作所相关的一切，工作本身也好，人际关系也好，都投心思去经营。

在职场，你的身份是职员，不适宜摆出娇小姐的一面，也不该太过表露出家庭的经济情况，因为同事们不关心，你穷他们顶多赐给你一丝怜悯，你困难他们偶尔搞一个小捐款，你富你也不会把钱捐给他们。所以，没人关心，那您就收起来。

你以为别人左手事业右手家庭处理得平衡得当只是运气吗？你以为身边的人加薪升职只是会拍马屁吗？没有那么多狗屎运，希望获得不一样的成就，就得有不一样的本事。

我们常听到一些演员说，他/她正在为接的新戏中扮演的"陌生"角色体验生活。这种对职业的认真很值得鼓励。你以为只有演员才有机会体尝不同的角色吗？那种在戏中对于各种身份游刃有余的演绎，羡杀多少人？

演员为了角色而体验生活，平常人为了生活而体验角色。

其实每个人都是演员，在生活的大舞台上，每时每刻地演绎着。对不同的对象扮演着不同的角色，一个人时就"卸下妆"扮演自己……

管理好自己的角色，对什么人用什么态度，什么角色的时候以什么样的姿态呈现。

1. 被人忽略的角色管理，却能发挥超乎想象的作用

“她不是嫁给了台湾望族的长孙吗，干吗还来上班？”IRIS 和 MINA 对我的红眼病是写在脸上的，平时酸溜溜地在那儿嘀咕，却又是故意想让我听到的分贝。

是啊，干吗还来上班，不是嫁到台湾了吗，夫家还算是当地望族，还上班做什么？——这是很多人的疑问，当然也成为一些谣言的利用对象。当初在嫁到台湾后选择回到上海企业工作的决定，我是犹豫很久的，考虑了方方面面，最后还是选择了“当时最适合自己的”。

那时，刚从魔都到台湾，从单身到结婚，从简单小家庭到复杂大家族，我各方面都在慢慢调适，尤其是心理。台湾的生活很舒服，焦虑是来自我的心。对新环境的新鲜和对家人的思乡情交替发生，直到某一天，我收到了恩师的电话。

FRED 绝对是我的恩师，行业老法师，企业高层，CEO 下几大总监之一，既是我前老板，亦是真心栽培我的伯乐，说他是伯乐，当然也是默认自己是千里马的意思。FRED 的电话核心只有一句话：愿不愿意回去帮他。

留台 OR 回去？

我的心里对大企业，尤其是老东家，是有眷恋的，之前的职场修炼和“现实版杜拉拉”的称号不能因为我嫁了个台湾老公就停摆。为此，我飞到上海，见了恩师，了解今后所处部门和职位在企业中的地位，应该说十分吸引人——

我即将进入的是集团中国区总部的战略发展部，业务核心部门。制定几乎所有销售相关政策，下达业务指标，参与许多企业战略发展的分析和规划项目，更负责企业旗下一个品牌的品牌建设……在回归的一年多里，我不但完成了整个品牌建设，将从无到有的品牌手册发到全国 60 家分公司，还飞到各地为分公司的销售经理们和合作公司的老总们做了品牌培训。——这已经是后话了。

除了我以外，其他 DIRECT REPORT（直接汇报）给 FRED 的都是高级经理级别以上，且在整个中国区，我的级别及以上的人占全国员工数不到 5%。

我平时最多打交道的是企业的高阶管理层，就相当于把我安排进了一个精英营受着默化熏陶和密集训练一样，从事的亦是最能够对企业运作深入了解的事情……多么难得的机会，和最棒的团队一起，向最好的领导学习，与最优秀的精英们共事，接受企业最好的培训，漂亮地完成一个个项目及任务，进一步把自己塑造成越发高效干练的“白骨精”，为创业打下坚实基础。而且，“大隐隐于市”，说实话，这种在出书后能够再次隐身于企业的神秘感真的很符合我这个天蝎座的口味……

那时也是和我先生讨论过的，考量了当前的情势和生小孩的不迫切性，他赞成我回上海的决定。当然这个决定并没有告诉林家其他人，所幸大家平时都不住在一起，一旦需要我出现的时候，我就飞回去，“月飞月健康”，如此持续了一年多。

我爱在外企的那种“以实力说话”的生存法则，当然，现在的外企大多也入乡随俗了，交情和背景也有了它的作用，但比起其他类型的企业或者单位，外企相对公平很多。这就像高考，虽然制度是公平的，但中上阶层的孩子从小接受最优的教育，享有最好的资源，自然在高考中也有最大的胜算比例。可我们又不得不承认，也庆幸，在这样的大环境中，还有一些事物至少它的制度是公平的……

是骡子是马，拉出来遛遛。我到底是不是精英，放到企业里检视一下，拿成绩说话。

回到公司，对一个突如其来的年轻主管，并且是FRED的老部下，一些有意无意的传言，虽然很“小声”但还是多多少少会有，FRED只给我一句提点——高调做事，低调做人。

这八个字可不容易，尤其是后来我还出了书，只要看过我的书，或是网上一搜我的报道，对我的过往和现状就会知道，为了避免自己几乎“赤身裸体”站在每天抬头不见低头见的同事面前，我决定不向任何人提起。所幸外企里都是用英文名称呼，往往叫了人家几年英文名都不会知道原来他中文是叫这个名字。所以，对“上班族”以外的身份，我尽量守口如瓶。“真实的身份”一直瞒到离开……

当然，只要有秘密，就会有人挖掘秘密，全公司上下几千号人，总能有那么几位好奇心重的，发现了我的公众微博，关注上，在小范围内默默讨论……和这几位可爱的同事说下，虽然我没有互粉回去也没有任何表露，但其实，我全知道，哈哈……

为了 FRED 送的八字真言，除了言行低调，我还特地换了部车开到公司，一辆二手国产车。公司是有班车的，可考虑到上下班的便利性和有时我会不自觉忙得忘了下班时间，自己开车还是方便。有同事借过我的小破车，大呼："哇，你挺漂亮一女孩子，车子怎么那么灰！"我承认对于每周五天上下班开开的小破车确实没有上心保养过，也根本没时间照顾它清洗它。当然它对我是有恩的，至少在各有算盘的大企业听到一些小非议的时候，我能理直气壮地回应："哪有钱！你有见过哪个豪门少奶奶开 XXX 吗?！"或是"潜规则？ ARE YOU KIDDING ME？有哪个潜规则潜得还开 XXX 的?！"——毕竟，你们认为一个 27 岁工作 4 年的小姑娘应该开什么车？

我另一个朋友走不同思路，他是天天开着他的保时捷在一家 IT 公司打工。我无法想象老板每天看到他的车时的心情，同事们是会在背后称赞他还是中伤他……至少我听到的评价是这样的："这家伙一定是个靠家里、没能耐的白痴。"还没等我为他叫屈，大家分析开了："要是有能耐，这种经济条件早就自己闯了，还上什么班？若是特意要来体验生活的，哪个人会开保时捷来体验生活？"我回想了一下他过往几次投资失利，亏了他爸好多钱，就不说话了……

瞧，你以为值得别人称羡的点，放错了地方，只会起到反效果。角色管理的意义就在于有清晰的自我认知。在这里，我就是一上班族。

我自认为不过就是写了本书，不需要“喳吧喳吧”地搞得全世界都知道，可能正是因为这份“低调”，大家知道后，反而是欣赏居多。试想一下，你因具有某项才华，咋咋呼呼不可一世，让人讨不讨厌？反而，你就专注做自己的工作，用实力说话，不声张那些有的没的，当别人发现其实你竟然还有此等才华的时候，会不会由衷赞你真心不错？

不乏几个发现“秘密”的人会对身边有这样一个同事而心生小嫉妒，要知道，女人不喜欢女人往往不需要什么客观理由。比如IRIS和MINA（后来都已离职），看我的眼神都能喷出火来，酸溜溜的话总会不定期冒出几句。但因为我长期对一切关于我出书的话题冷处理，全公司上下也都很识相地不会来捅破这层窗户纸。

这里说下我所理解的“高调做事，低调做人”吧，也是我认为角色管理的一大境界。

大家一定会问：做事既然高调了，不就意味着越发受到瞩目吗？还怎么低调得起来呢？就像我把这句话当成座右铭，不乏会有人疑惑：你若想低调，那怎么会去写书，把作品推到公众面前，如何低调得了？

其实，所谓“高调做事”，我理解应该是指“尽人事”，用最大的努力去达成目标，用最高的标准去完成任务，用最佳的方式去团队合作，用最有效的途径实现利益最大化……为此，你勇敢，你拼搏，你所向披靡……因此，你得到肯定，得到赏识，得到爱戴——如此“高调”罢了。而“低调做人”应该是——谦恭。无论什么身份，什么地位，什么成就……不卑不亢，不骄不躁，不高估自己，不贬低别人。一颗平常心，看得到自己的不足，望得见别人的光芒，信服得了盟友，称赞得了对手。不趋炎附势，不嫌弃弱势。对老板总监能够微笑问好，对扫地阿姨也能亲切问候。所有人在你眼中一视同仁。不比，不炫，这就是低调。

用一个艺人朋友曾经给我发过的一条短信为这段结尾：童，花几天时间把你的书看完了。我虽然是主持人，可不太喜欢和刚认识的朋友刻意走太近，但是你的热情开朗执着特别能感染人。看完你的书，更加喜欢你，我喜欢做自己的真实人。美丽不自知，智慧不自娇，你的现在不是靠运气，是靠你自己！加油，一直幸福下去！

对于“一视同仁”的精髓，我在第二章的“拿什么安放你的势利眼”中会有分享。

2. 没有额外的片酬，你有串角吗？

在上海，我是个热爱生活的工作狂，在台湾，我是个传统大家族的孙媳妇。

说个事儿给你们听——

“老婆，你快回来，奶奶走了，×月×日出殡。”林先生来的电话，那时我刚结束会议。

“我一定要去吗？”一问完这句，我就被林先生念回来：“家族大事，你这个长孙媳不出席像话吗？”这一句点醒了我，对啊，我是长孙媳。

随即，赶紧向FRED请假。一般企业，直系丧假三天，若是配偶的奶奶这类情况，丧假最多只有一天。当然用15天的年假去请是绰绰有余的，但出于尊重和便于妥善安排工作，我还是得事先向FRED说明情况。FRED一时难以理解，为何配偶的奶奶去世，我要请那么长时间假。他的不能理解是可以理解的，若是路远，好多人对于配偶的奶奶的丧礼甚至有不去的。

这个时候就要转换角色了，长孙媳就该有长孙媳的样子。尽管自我嫁到林家，林奶奶就已经躺在医院将近一年了，由两个护工照顾着，我去探望过几次，她是完全无意识的，所以，应该她都不知道有我这个孙媳妇了吧……飞到台湾，先赶去看望林爷爷。想必我没露面前几次的丧礼讨论会议，大家族里其他人应该都已借题发挥过了。林爷爷问起，我说正好到大陆出差去了，他便也没细问，应该是没有从悲伤中缓过来。

三天丧礼。规模可见一斑，大灵堂里挂满了马英九、吴敦义、蔡英文等当局领导人及众政要送来的挽联。发表悼词的是总统办的林家一名亲戚。前来悼念仪式的有当地的警察队伍，教师队伍，穿制服的消防队，穿议员服的议员……一批一批进来，鞠躬，再家属还礼鞠躬……在这种正式场合，一切位序都是按尊卑亲疏排的。在台湾传统家族，有句俗话，长孙即小儿。也就是说，林先生虽然是孙辈，但因为是长孙，所以亦有“最小的一个儿子”的地位。因为这个地位，既是福也是祸，在以后的书里也许我会讲述争产风波，道出原委。林 SIR 和他小叔两人站在第一排，身后是家族其他男成员按序排列；我这名长孙媳，是和女儿、儿媳站在对面的第一排，身后是家族其他女成员按序排列。这场合，我不哭是肯定不行的，不哭人家要说这个孙媳妇不孝；哭太大力也是不行的，人家会觉得你都不认识阿嬷哭那么起劲真会做戏……

家族大事一结束，立刻飞回魔都继续我的白领生活……HR 让我交讣文作为请假证明，我哪里能把那份原模原样给出去，把其他部分都马赛克掉，只留下我的名字，交到了系统里。

瞧，我这两种角色反差大吧?

角色管理的精髓在于，不同角色间游刃有余地瞬间转换和适应。

在企业，我叫“TONG”，就甘于在那朝九晚五的时段老老实实地当我的上班族。其余时间我又是创业者“童”，想点子，做策划，打无数电话商谈合作。也许你要问，我哪里来那么多时间。哈哈，我曾开玩笑地说:“我一直没有大家想象中那么忙，这到底是大家的问题，还是我的问题……”

都说时间就像乳沟，挤挤总会有的。其实我不打游戏，不看韩剧，不读言情小说……要排出时间再当个酱油作家“童言”也是有余量的，甚至在业余时间我还能尽情休闲当个不动脑筋的二货。

PLAY HARD, WORK HARD 其实也是时间管理的本事。若玩的时候想着工作，玩不尽兴；若工作的时候想着玩，心不在焉。这都是串角的悲哀……

什么是串角？

串角，我个人以为，就是做了不适宜这个角色所做的行为，一旦行为发生，那往往只能换个角色，并耗费一定的机会成本。

有一次和密友聚会聊八卦，说起她公司有一个 25 岁的女孩子，爱上了公司老板。该老板三十五六岁，有妻室，还同时和公司好几个女生有亲密关系。用那名女生的话说就是:“我知道他是喜欢我的，也知道他是不可能为了我离婚的，可还是无可救药地爱上了他……”

听到这里，我调侃地问密友:“那她因此升职了？”

“没有。”

再问:“那加薪了？”

“多多少少有一点吧。但应该也还好。”

“好吧……是真爱。”这前半句我是开玩笑的，后半句还是忍不住认真起来:“二十几岁的女孩子最容易崇拜成功，而四十几岁的男人正好处在事业有成的阶段，因此难免有水灵水灵的花蝴蝶蜂拥而至。可往往这个年纪的男人都已经结婚，家有糟糠妻。如果这个年纪还没有结婚，那多半是有病，抑或——他爱的其实是男人（开个玩笑）。女孩子的迷思在于她分不清是恋上了成功还是恋上了这个男人。她以为她是爱上了他，但如果他不是老板、没钱、不拥有权力，她还会爱吗？”

这种“串角”的结果是很悲催的，对女孩子来说，这份工作已经不用指望待下去了，不是主动离开就是被动撵走，连爱情也赔上。因为对男人来说——摆不平前线或是摆不平后方，早晚废了。

还听一位朋友说起过她以前公司发生的事：一名女同事和一名男同事被派到瑞士出差半年，女的有丈夫、男的有妻子。两个人去的，“两个半”人回来。回来后和各自的另一半离了婚，重组了家庭。毫无疑问，公司是待不下去了，闲言碎语就足够把人闷死。所以，这次“串角”的结果就是失去了原本中意的工作，也伤害了另外两个翘首盼归的人。

我认识一个姑娘，1987 年生，相貌平平，才华泛泛，但有个最大的“强项”就是爱老男人。也许各位看官比较难以想象她是怎么样对那张 65 岁苍老的面孔亲下去的，但那位老厂长倒是甘之如饴，妻儿都在美国的他本来是一年回去一次，认识她以后“灵魂”有了深交，好家伙，两三年都不回美国一趟……而她俨然一副老板娘姿态在办公室晃悠，满足于今天让她去趟德国明天带她去趟海南……她“串角”的成本在于二十几岁的姑娘身材极度变形，从背影看像极了三十几岁的欧巴桑，被那些男同事在心里嗤笑，不知不觉中早已被贴上了“烂货”的标签她还不得知。好好的一个大学毕业生，被洗脑洗得甘愿窝在一个小公司里“打拼”，耽误了大好年华。那种“青春成本”是很巨大而悲催的。

还有个比较搞笑的例子——“金饭碗”前台。

别以为前台是整个企业最底层的岗位，那是你们像我一样无知。后来我知道了，原来竞争最厉害的就是“前台”，这个岗位可不是随随便便能捡的，没有点关系和门路还坐不了那把椅子呢。我听好多朋友讲起自己公司的前台心机无一不眉飞色舞。那些生得高长得美的妞儿们，英文顶多会几句基础对话，帮国外来的领导们张罗张罗酒店、接待接待参观、导览导览城市一日游……然后回头在MSN上保持密切关注和沟通，金山词霸开在边上，边查边无病呻吟岁月惆怅……然后电话语音嗲声嗲气铆足劲放电……然后……然后就不当前台了……不过，这种新生活，开场是荣耀的，结局却大多是悲催的。

戏剧学院的资深老师对今后将步入演艺圈的学生们建议，对于潜规则，能SAY NO，尽量SAY NO。老师们之所以说得不那么斩钉截铁，因为她们懂，有些圈子，人在其中，身不由己。看看每天停在学校门口等待接人的豪车就知道，今后的诱惑是很多的……

那么对于普通的职场人，尤其女孩子，有些底线值不值得去触碰？

我的建议是——做你的角色该做的事。能不和工作伙伴越界，就别越界。同事也好，老板也罢，合作方亦是……总之，你可以欣赏、可以爱慕、可以青睐，但是千万别越界。

道理很简单，除非两个人是纯ONE NIGHT STAND（一夜情）、第二天早上起来甘心失忆，然后该怎么相处还是怎么相处，与往常无异，不以任何形式的明示或者暗示向另一方“索取”或大或小的好处……否则任何一方的“串角”，不管是行动上还是思想上，都会成为双方的困扰。万一碰上个死缠烂打的，那简直是“一夜风流账，几世难清算”。

大家在象牙塔里，多还纯如白雪，那么一旦进入社会，就不能再“很傻很天真”了，因为你会遇到形形色色的人，社会关系比校园里面要复杂得多。我遇到过已婚男人说喜欢我的，有遇到过喝醉酒后直白“邀请”的，有遇到过极度空虚想找伴侣的……我的回应态度是，若是此人有用，就装傻当笑话转移话题，若是此人无用，就，没有态度。

我还遇到过——被制造绯闻。人在江湖闯，哪有不躺枪。职场有时就是如此，有些人因为不了解你，听到只言片语就信以为真。可在精英会聚的大企业，更多的是，明明知道你有能力有原则，可为了保护一些人打击另一些人，还是会编造一些以假乱真的消息。大家一直说“贵圈真乱”，这贵圈指的就是演艺圈，由于是在幕前，引得的关注度高，所以一旦被泼了脏水，要想证明自己是莲花更是难上加难。但这也是种“规则”，就是既然选择了那么耀眼的荣誉，就得承受与之相伴的诋毁，因为人生就是个套餐，你不能单点。

“贵圈”只是把职场的好与坏放大去呈现，如我第一本书中说的——职场没有公平。暗示我和 FRED 有八卦的那么几位，其实我们心里也晓得，而且我发现，最喜欢传的恰恰是之前被我“哈喇”婉拒的几枝烂桃花。这是没有办法的，生存法则就是——职场里，有些事情要当不知道。谁的身后没有跟着一串绯闻的？若没有，要么就是太无威胁感，要么就是太无存在感。

先说FRED，第一本书中，已有几笔描述。他是深谋远虑的金牛座，行业内二三十年，为人正直公平，爱妻爱儿爱家庭，重情重义重原则。这也是为什么，很多人愿意追随这个老板的缘故。他对我纯粹是因为惜才，倒并不一定因为我有多聪明，但肯定是我能帮他处理很多事情。我们共事四年多，他是连一次和我单独出差都没有过的。所以对那些八卦，我们还能拿出来开玩笑互相调侃几句。他也是一路看着我和林先生结识，相爱，结婚……就像个长者，关爱我，甚至在很多应酬的场合，面对不单纯的邀请，他还会保护我。我由衷感恩，敬他是我一辈子的恩师、知己，且感叹自己如此幸运，很多人一生都不见得遇得到这样的良师益友。

不管社会各行各业中充斥着多少不纯粹，但我有那么一份固执——女性在职场中，越有分寸，越受敬重，往前一步是“贱”，往后一步是“实力”。我曾笑对朋友说：“你们不要太“白莲花”，什么时候被卖掉都不知道。职场那么多年，什么人没见过，还能保持我这种守身如玉的，说明有本事。”

遇到类似诋毁的大家也不要心里不服气，觉得“你们都瞎了吗？我每天死命干活没看到？升职是因为我能力强！懂不懂啊？SHIT！”其实要理解，有诽谤有绯闻，说明你已经慢慢是个“角（JUE）”了。人家的结果已经不如你，你就要接受人家耍耍嘴皮子撒气。

跟大家分享一个我独家的秘籍，也是在应酬中我能够时刻保持清醒、千杯不倒的窍门。

实话说，分享这段我真是鼓足极大勇气，若是被合作伙伴或客户看到，那这招以后就不灵了。分享给各位读者，主要是教大家一个在 SOCIAL（社交）中自我保护的一个小方法。因为有些女孩实在太白目，人家带着目的灌你酒，你出于礼貌也好、单纯也好，竟然真的喝蒙了，之后发生什么都逃出自己掌控。

有人问："真的到那种场合，人家也没明白挑明，只是有那算盘，我若是死活不喝，怕真的得罪，生意肯定是吹了。"

我的回答是："第一，对方并不一定有强烈的非分之想，只是你喝 HIGH 了，人家就有了念头。你不必拒绝喝酒，只是别让自己醉，表现清醒的你，别人会有顾忌，也会收起那颗花心。第二，若是真的遇到有邪念的，且一开始邀请你就动机不纯的，那你压根就不该去。去了，翻脸也比丢脸强。"

记住，无论在什么场合，为了什么目的，都不要让自己陷入危险，除非你已经彻底想清楚后果以及"付出得到比"仍然觉得愿意牺牲的。

我这里讲的是自我保护的问题，并不是抨击酒文化。小酌怡情、大饮伤身。若实在不会喝酒，真不必硬碰硬，把自己的胃整坏，到时候签 10 个项目都买不回你的好身体。有好多刚毕业的男生，血气方刚，人家一鼓动，自己马上三杯白酒下肚，然后去洗手间吐。还有些人，其他人就是想整他，灌他好多酒，他还真的当成了客气，来者不拒，然后开始发起酒疯，人家录下来，给领导看，说这个人就是个蠢蛋，一喝酒就乱说话，如此轻浮，根本胜任不了经理一职……

有些地区酒文化特别浓重，谈合作的诚意就看喝了多少杯白的。越往北走，应酬越是逃不开喝酒，动不动一饮而尽。在这种情况下，拒绝喝，肯定是失礼的。我的诀窍就是——湿毛巾。餐厅都会给每人发条湿毛巾，每次人家来敬酒，我就拿手边的湿巾擦擦嘴，现在练就的本领就是在擦嘴的一瞬间把含在嘴里的酒全吐在里面。每次“哈哈哈哈，好好，谢谢谢谢，干！”对方仰天干杯，我也配合，然后喝完，做手到空杯的动作，当对方满意转向下一位敬酒时，另一只手缓缓地拿起湿巾，优雅地擦一擦……

我之所以如此，并非不尊重，只是怕我酒量浅，喝醉失态。有人说“喝酒多少代表了态度，你真不够诚意”。我惭愧，但我不信你今天喝酒喝到“底朝天”可业务上别的什么优势都没有，人家就肯跟你签！生意人都不是傻瓜，看的是“合适不合适”，在合适的基础上，才跟你进一步来酒桌上谈交情。而你若是能喝，那请多喝几杯，若是像我这样，真心不能喝的，我只是采取了大家都有面子的做法，喝酒的态度也许不够好，但做事的态度仍然鞠躬尽瘁，如此小心机，有何不可。

而且，当大家喝得不行了，“微醺”的我开始主动敬酒，这个时候，就开始真的喝，反正他们已经到顶了，也“碰”不了多少杯……

有一次，我的这些小举动被一位老总看到，他非但没说穿，反而从此觉得我特聪明，打趣我说：“每次喝酒，你的毛巾才是酒精含量最高的那个。”

所以，女生们在职场中，可以有态度，可以很认真，但最重要的是智慧，守护自己不断前行的智慧……

女性这个角色在某些女人稀少的行业有她独特的优势，毕竟物以稀为贵。所以落落大方地处理人际关系，偶尔配上一些“合时宜”的小撒娇，处理起问题，可能会比男生们要更容易一些。

美国非营利性女性研究和咨询机构 CATALYST 在 2004 年针对女性问题所做的一项调查显示，在财富 500 强企业中，女性管理人员占管理人员总数比例最高的公司在平均净资产收益率和股东回报率方面比女性管理人员比例最低的公司分别高出 35.1% 和 34%。近年，麦肯锡的研究报告发现，在由女性出任管理层职位比例最高的欧洲公司当中，其业绩表现高过平均水准，这些公司在商业利润、业务成果和股票价格增长方面表现均超过竞争对手。麦肯锡在对世界各国公司进行调研后还发现，那些高层职位有三分之一或以上由女性出任的公司，平均表现超过那些没有女性进入高层的公司。麦肯锡还对美国财富 500 强公司进行了调研，结果也发现，那些拥有更多女性高层管理者的公司，平均表现比女高管较少的公司优秀。

可见，女生若是能在职场中运用个人魅力、专业技能、沟通技巧以及独有的人际交往的特长来感染同僚、上司和下属，那一定是为自己的职业发展助力的。这叫——善于利用自己的有利角色做事情。

3. 男闺密，怎能当男友使唤

如果你的男朋友跟你聊八卦，你会不会嫌弃他不够爷们？

如果你的男闺密不跟你聊八卦，你会不会嫌弃他不够意思？

你和男朋友之间拥有的是爱情，你和男闺密之间拥有的是友情。
在你的爱情生活中，男朋友是当事人，而男闺密是旁观者。
在你的友情世界里，男闺密是重要嘉宾，而男朋友是临时演员。

你失恋了，男朋友没了，男闺密还在。
你绝交了，男闺密没了，男朋友还在。

倘若哪天，你心情不好。
打电话给男朋友："在干吗？"
"在和同事吃饭。"
"早点回来，我今天心情欠佳……"
他若不来，"负分，滚粗"，估计是要被你修理了；他若赶回来，6分；他回来时给你带了杯奶茶，8分；他把奶茶递给你，问你为何心情不好，并且安慰你，10分，不过他只是做了一个男朋友应该做的事。（以上满分皆为10分）。

若你打电话给男闺密："在干吗？"
"在和同事吃饭。"
"吃完饭有空不？我现在心情欠佳……"
他若赶来，得8分；他赶来时给你带了杯奶茶，9分；他把奶茶递给你，问你为何心情不好，并且安慰你，得12分，（以上满分皆为10分），简直中国好闺密！但是他若不来，你也得体谅，他没有义务要这么做，也许他有自己的女朋友要陪。

这说明，对于你生命中出现的不同角色，你得用不同的标准看待、用不同的态度对待。

比如妈妈和婆婆——

我婆婆一直跟我说，她把我当成女儿看待。我也说："婆婆对我而言，和妈妈是一样的。"

有一次我在朋友圈发了一张在婆婆家客厅唱卡拉 OK 的照片，配字：婆婆夸我唱歌真好听。

然后一位老同学留言了："跟婆婆只能喝喝茶、吃吃饭、聊聊天，保持距离。"

我对于这么突兀而来的建议表示不爽，因为不是很熟的朋友，如此回复有干涉我的家事的感觉，就回复："没有，我和我婆婆的关系就像妈妈和女儿。"

她不罢休，继续留言："小女生，反正记得要保持距离！从我的经验，毕竟你不是她生的。现在刚开始是没事，大家客气，但碰到事情了以后，她会抱怨的，一下子颠覆形象，记得啊，距离！"

我心想，你是在咒我会有婆媳问题咯，再回："安啦，我们感情超级好！因为我们性格很像，不但是婆媳还是朋友。我婆婆不是普通的女人。"

她再接着说，我就没有再理了……

亲爱的读者们，你们是不是很多和她一样的想法，也想给我类似的建议？

我想说的是：

哈哈哈哈……我的智商有那么“捉急”（叫人着急）吗？我当然知道婆婆和妈妈是不一样的，我也知道婆婆和媳妇不会像妈妈和女儿。道理不必多说大家都能理解。但我为什么还要这么回她？因为我心里想，这位大姐的留言真是来得不早不晚恰到好处——婆婆当时正好坐在我边上。

我立马把她的留言给婆婆看，然后说：“妈，你看，我这个在美国的同学真不会说话，我们之间的感情哪是她们能懂的，居然叫我要和你保持距离。我跟她们说了，你不是普通的女人，我们之间就是像妈妈和女儿，你对自己女儿怎么样，对我就怎么样……”说完，把头靠了一下她的肩……

婆婆当时笑了，不管笑得自然不自然，反正我知道，她是会尽力把我当女儿的了，至少在面子上也得如此。

对身边人的角色管理，你的心里得清清楚楚，但需看情况表达出来，用不着把脑袋里的“泾渭分明”从脸上透露出来，那样，真“小女生”的恐怕是你了。

该表现得没有距离的时候，你非要把距离拉那么远。该有点距离的时候，你又非要跟人家行贴面礼。后者说的就是下面这种情况——你把老板当兄弟，也要看他愿不愿意。

DAVE 是我老乡，浙江绍兴人，曾经是我父母家的邻居。我们两家有一阵子走得比较近。我们当时是一家四口，那时我还没认识我现在的老公。他们是一家三口，他比我大三岁，但因为有个女儿，反而像是和我爸一个辈分的。偶尔会约着我爸出去打打高尔夫，有时他下班回家晚，他太太去托儿所接了宝宝后会到我家，小女孩喜欢在我家吃饭，爸妈看着可爱，也很乐意多添几双碗筷。

"嘀……嘀……"楼下响起车喇叭，我的直觉告诉我是在对我们家呼，就探出头去，楼下停着一辆车，车里是DAVE。

我："DAVE，你换了一部车啊？"

DAVE："没有，这是我们老板儿子的车。他借我开。在我们公司，基本老板们的东西我可以随便用，我们都是兄弟，不是外人。"

这事儿背景资料是这样的：DAVE是一家在当地不算小的民营企业的业务经理，据他说，当初公司还很小的时候，是他为公司拿了很多单子，现在公司发展成这样，他也是元老级人物，老板们把他当兄弟，凡事都要卖他面子。所以，他有时会直接走进老板办公室，说："哇，这个笔筒真精致，可以给我吗？"然后老板就送给了他。他太太来上海找工作，还被安排进他公司上班。公司的事，他的建议一般就不太会被老板否决，他推荐哪家样本供应商就能直接定了签约……他都把这些当成是老板对自己的器重，认为公司没有他是不行的。

我自问看人是很准的。天蝎座的敏锐，又让我极具分析能力。当时我爸还老是对我说："你看看人家DAVE，听他说小时候还只能吃酱油拌饭，苦到这种程度，现在在公司已经呼风唤雨了，一年收入估计已经不少了。他才大你三岁，你看看差距。”

我当下就跟他预言：“DAVE？哈，他早晚会被老板弄走的。”我爸说，他们公司有他们公司的风格，民营企业，老板那么器重他，怎么会。

老板是真的器重吗？器重你，还只放个经理给你当当啊？看他是挺想进入上流社会的，平时喜欢挑上流社会做的事干，可又实力有限，变得不伦不类。不会打高尔夫硬是去办了张卡学，可又不自己买球杆；带个假的名牌钱包一直在我面前晃其实我早看出来只是没告诉他……从DAVE爱炫的风格、张扬的个性与所用的物品观察下来，我目测他的月工资估计还没我高。要是真像他说的公司不能没有他，他早就该是那个私营企业的总监了，工资也早就应该是我的倍数。他还说，他敢跟老板当众吵架，直接呛老板的不对……我真是服了他，哪个民营企业老板会容忍？在外企，老板和员工都是打工的，都是给企业服务。在民企，老板就是老板，公司是他的，你再厉害，他也不可能容忍你在他的地盘撒野。就像客人到你家，完全把你家当成了自己的窝，卧室随便进，抽屉随便翻，你还能容忍他继续待多久？

不知他是不是脑袋发育不全，按理来说，凤凰男应该是最懂得察言观色、人情世故，怎么他不按常理出牌呀，脾气特别火爆，动不动训他太太脑残，保姆骂走三个……

他之所以成为我们的邻居是为了他女儿上托儿所近，就到我们小区租了房子，后来出于一些原因，搬走了，就几乎没有联络。一年以后，听我爸说，DAVE 见到他立刻低头转身走了，装没看到。一打听，貌似是丢了工作，应该是怕见到我们丢脸……做人做事，还是要懂分寸，越了分寸，便自我认知不清，能不能容忍你的“越界”全看老板的胸襟。就像商品没有准确的定位，迟早是要被淘汰的。

SUNNY 比我小一岁，目前正在小打小闹的“创业”中，单亲家庭长大，能吃苦，也挺努力。可与其说现在是自己在经营自己的事业，不如说是自己在为自己打工。开着淘宝店，经营着有一单没一单的生意，一直就没有什么突破。大概是当“老板”习惯了，抑或是太着急想被大家认可自己有“老板”范，说话口吻没有火候，姿态略显居高临下。一次，她发了一条微信给我请我帮忙，开场即是：“小童……（后面是具体希望我帮忙的内容）……”我就回了一句：“小童是我弟弟。”心想好在我有个弟弟，不然都不知怎么排解我的“困惑”——您那么能耐，请我帮忙是看得起我咯？

说起我弟弟，好像至今都没有认真介绍过他……他叫 ACHILLES，1992 年生，天秤座，身高 180CM，体重 58KG，如今大学四年级，是国际经济与贸易专业的学生，兼平面模特。现阶段已是 CET 六级、BEC 商务英语中级、韩语 TOPIK4 级，并且拿到了营销经理助理证书(中美)。

大二暑假，他到我当时所在集团的同部门实习，但是我让他汇报给我同事，要知道，一个做姐姐的是不喜欢自己带自己的弟弟的，小时候拉扯他长大已经受够了，哈哈……开玩笑啦……其实是因为最快让他接受到“职业化”的方式就是真正去“体验”职场。

在第一天去公司的路上，我跟他说明：“在公司里，不能把我当姐姐，也不能告诉别人我是你姐姐。中午不能和我一起吃饭，下班你自己坐班车回家。好好做事，拿你的实力证明你自己。”他说：“好。”

当天晚上，部门聚餐，三位同阶段新进来的实习生一起加入。聊天过程中，我问道：“YAN，你几几年生的？”他回答：“九二年。”我再转到ALICE：“你几几年生的？”她回答：“九二年。”再接着问：“ACHILLES，你呢？”他看了看我，貌似不太高兴，回了句：“九二年。”我说：“所以，ACHILLES，你们同年，但是你比他们小一届哦，他们都大三。”他“嗯”了一下。

之后问专业，我也是一个不少地问了个遍。

吃完饭，大家同方向的人一起走，ACHILLES便顺道搭我的车。

回家路上，我跟他说起聚餐时的问答礼仪，表示他应该表现得自然一些，不能够觉得自己和别人不一样。但副驾驶什么回应也没有，我正想这家伙怎么了，转头一看，天哪，他一个大男孩居然泪流满面。我很诧异，以为他在外面受了什么委屈，追问之下，他说：“你为什么要问我几几年生的，为什么要问我什么专业，你不是都知道嘛！我觉得那很假！”

真没想到啊，我很意外，平日里天秤座“淡然”气质的他，没想到竟然有那么幼稚的一面。我没说话，把车找了个地方停好，开始讲：“这不是假，这叫角色管理。在职场，我叫 TONG，你叫 ACHILLES，童言和童意是姐弟，但 TONG 和 ACHILLES 只是刚认识的同事……你换位思考一下，如果你是我，难道要把你和另外两个实习生区别对待吗？大家若是晓得你是我弟弟会发生什么，你知道吗？等你先潜心实习一个月，之后我告诉大家，你看看会有什么区别，就明白角色管理的重要性。”

到了第二个月，我告诉大家 ACHILLES 其实是我弟弟。然后呢？再接着的一个月，大家对他不一样了，他的主管也不叫他做事情了，纵使我说 N 多遍：“没事的，你多让他做点事，需要整理数据啦，做 PPT 啦，端茶送水打杂都交给他，做得不好就批评他……”但他主管还是不方便“使唤”他。

实习结束，我问 ACHILLES：“闲着的感觉好受吗？”

“不好受……”

“所以，角色管理不到位，你失去了什么？”

他答：“失去了在这个角色上学习的机会……”

“也体验不到属于这个角色的本貌。”我补充道。

大三暑假，他再来实习，除了招聘时 HR（人事）知晓外，便闭口不谈我和他之间的关系了……

二、我不是生来的高 EQ

淡定，就是有的时候你得把一切当风景看。

每个人看过去的自己都有种想 SHI（死）的感觉吧？我看前两年的自己，真有想穿越回去抽她的冲动（其实也没那么夸张啦）——这点破事，你怒什么怒？这么小的事，也能不高兴半天？就这事，不那么直白说出来会死啊？——写到这段的时候正好看到微博上有人转了这么一句话："每个女神都是踩踏在自己过去怨妇的尸骸上站立起来的呀！"所以说真心的，感谢曾经的自己，感谢她白目过，感谢她因白目吃亏过，才能慢慢练就更加强大的自己，让自己学会情绪管理，塑造高 EQ 的自己。

写书的诚恳之处就在于愿不愿意自爆。我是自从执笔开始，就没打算在各位读者面前伪装成"生来就是女神"的形象。说说以前自己的蠢样子让大家乐一乐。

1. 管住你的"真性情"

脾气不要大于本事。

毕业刚进入企业那会儿，身为 80 后的职场菜鸟，什么事对我来说都是新鲜的，接触到好多之前没有接触过的事，边学边积累经验，年轻气盛、意气风发。因为是崭新的领域，也是开启事业的基础钥匙，尤其重视。尽管“能者多劳”，可担负得越多，压力也相应越大，焦急都压制在心里，肝火旺。在做好“压力管理”前，过分地 CARE（在意）让自己相当情绪化，哭和笑，沮丧和愤怒都不由自主，溢于言表。自己也知道这是职场大忌，毕竟同事和朋友是不一样的。他们并不一定要包容你，场面上的鼓励听听就好，谁能保证你无心的一个臭脸会不会让笑容背后的他们记一个“别扭”。

才女多骄傲，才子脾气大。我庆幸当初自己的老板是个惜才的人，只要任务件件完成得漂亮，能力让他肯定和赏识，对于我的“急”脾气他也愿意“睁一只眼闭一只眼”地包容。

可越是这样，习惯自省的我越是觉得这样不好——现在大家不介意是因为念在我的年纪，谁会对一个比自己小 5~10 岁的女孩子计较呢？可是每个人的成长期都会过去，SPECIAL TREATMENT（特殊对待）也会有期限，随着越来越 SENIOR（资深），那些优待也都会散去，可以被原谅的时光也会淡去……

所以，为了替那天的到来提前做好准备，我必须从现在开始学习“情绪管理”。

但怎么做呢？连忧民忧天下的范仲淹本人都不一定做到“不以物喜，不以己悲”，淡然是一种怎么样的境界。我边对自己提问，边分析自己：

生气时发的火是让自己舒服还是懊恼？——既舒服又懊恼，但舒服只是一时，懊恼却不一定了。遇到豁达的，尽管人家不介意，但我也会反省自己那张毒舌是否伤害到了他。遇到狭隘的，那就是埋下了“介意”的种子，要做好多树立一个敌人的准备。

我为什么会易怒？——因为对事情太过重视，有压力将它们做好。

我为什么重视这些？——因为我觉得这些事很重要。

这些事是真的重要吗？——很多不是。当下觉得很重要，如果不做好，有种天快塌下来的感觉，想顾及方方面面、尽善尽美，不愿让任何一方失望。可每次事情过去，回头想想，其实是自己看太重了。

问题带来情绪，可情绪解决不了问题。

该怎样控制自己的情绪？——我先试了一些方法，但效果并不持久，最终以失败告终。比如说在电脑桌面的一个自己关注的角落上标上“CLAM（平静）”，比如说让同事在我即将发作的时候暗示我，甚至跟自己说“发怒是用别人的错误惩罚自己，烦恼是用自己的过失折磨自己，后悔是用无奈的往事摧残自己，忧虑是用虚拟的风险惊吓自己……”可真的火气上来，不是那么容易压下去。后来想了一下，还是因为自己过度在乎了。所以，我需要的不是治标，而是治本，需要从内心看开，而不是借由外力压制。

对很多事太较真主要是因为——见识太少。为什么很多上了年纪的人对很多事都能看开？还不是因为吃了太多盐，咸味的适应力强了。

于是，我给自己放了两个礼拜的假，去旅行。回来以后，旅行中的所见点滴让我发现天空海阔，世界不只是眼前的那么一点。生活的节奏也不都像上海那么快，也不是每个人都在忙碌中醉成行尸走肉……就像一直汲汲营营惯了，都忘记生活的真正快乐是什么。比如在澳大利亚，有些渔民可能一辈子的梦想就是拥有一艘属于自己的船，能出海，捕完鱼，静看夕阳西下。我们拼搏，在意，跳不出，逃不开，容易陷入情绪的牛角尖，都是因为太不开阔了。了解还有不同的快乐人生存在在这个世上，就不会那么圈地自封，狭隘短视。

回到企业后，我发现自己竟然如此畅怀，心态亦如此豁达。不那么计较得失，对于大部分的事，也不觉得有什么值得生气了。

工作就像男人，越想掌控，越会反弹，越会不如人愿。

越是重视，越要用看风景的心态做事，人才会客观和理智。可以在乎，但别太在意。

脾气不好，我想主要有两种情况，一是像上面说的太在意，静不下心。另外一种，就是太不在意，没耐心。

大家都不难理解，有的时候忙得、累得、无奈得会懒得说话、懒得笑，对人对事没有耐心……

其实你的情绪不仅影响别人对你的感官，自己也是不开心的。这个时候，你就得找适合自己的方式排解压力，可以看看综艺节目，可以养个小宠物，可以运动流汗，可以登山顶大喊，也可以像我一样去旅游……绷紧的弦射不出有力的箭，得学会压力管理。

2. 缺什么，炫什么

你长期饥饿，有天，你终于到了能吃上半碗饭的实力，便迫不及待，广而告之，唯恐谁还不知道你已经脱贫。直到，你发现，你的周围，人人都吃得上半碗饭，你才意识到自己有多傻×，真想找个地洞钻进去……

大学的时候上“校内网”(后来改名“人人网”)，我喜欢发布一些在大集团的实习图片，尤其是作为实习生已经协助公司参展、担任高层开会时的会议纪要等“风光”事迹，必须有图有真相地一一往校内网上晒。如我前一本书中所说，我在大学的时候属于姿色中等、成绩普通的平庸女，一直就没找到什么自己可以晒的点，进了企业实习，多亏是个世界500强大集团，还不趁势晒够满足些微的虚荣心，尤其是当时很多同学还没找到实习或是实习的公司不咋样……

毕业后刚步入职场，流行的是“开心网”，那时候花一个月工资算是能买得起一个Gucci包的，当然，尽管“好脸”，但那种“硬着头皮消费”不是我的风格，所以，我并不会去消费一些超过自己能力范围内的东西。只是，若收到了这类型的礼物，也不算什么奢侈品，不过一些名牌子的香水罢了，会立马拍了放网上晒……

而我的现状是——我在这两个社交平台上的账号已经注销了。

一方面是社交媒体的更新换代，另一方面是自己在一段时间后回去看，忽觉得当时自己都写的什么蠢东西，发的那些“炫”图到底有什么可炫的。

再一方面是来自林先生的不解：“为什么要向其他人展示那些呢？”是啊，我的生活成就感难道就来自于那几个“赞”吗？用林先生的话说——生活不是过给别人看的。每个人都把最多的注意力放在与自己有关的事情上，你又何必非要通过别人的掌声来掂量自己的分量？

跟谁在一起久了，就会耳濡目染，所以人家说，夫妻是会越长越像的。和务实的林先生在一起久了，我渐渐戒掉了那颗“虚荣心”。这点我挺像我爸的——有毅力，他近 30 年的烟龄也就这么说戒就戒了，很多年轻人都坚持不了的“PLANK”运动（平板支撑）他那 170CM 高，150 斤重的身体每天早晚坚持执行。戒虚荣心也是需要毅力的，就是当你获得更多崭新的“成果”时，你能不能抑制住骚动的心不去 SHOW（秀）给人家看。怎么样算成功地“戒”了？就是当你获得了自己有而身边大部分人还没有的东西时，你连 SHOW 的想法都没有，云淡风轻地认为那真没什么……

缺什么，炫什么。一般炫的无非就是两类东西：你偶尔体验了一下别人所还没有的；你刚刚拥有了别人所还没有的。

就像不常出国的人老喜欢吹嘘他去过哪些哪些地方，逼同场的人非要看他手机里那几张自己在异国建筑前的“靓照”；而真正游历世界的达人却懒得秀带有“耶”字手的照片合集，顶多是默默写下游记，将真正好玩有趣的人和事与大家分享。

就像一些“绿茶婊”“可乐婊”“奶茶婊”们，网上晒的自拍照几乎清一色手挎名牌包、脚踩高档趴、嘴舔鸡尾酒、开车租宝马……伪装白富美；而真正的白富美却是不屑晒表晒车晒豪宅，名校名媛、知书达理、贵族气质。

就像越是无名无分的小蜜，出门越是喜欢大张旗鼓地想让全世界认可她的身份；而真正的“正宫娘娘”却大气低调，不会在大庭广众中高谈阔论家庭隐私。

就像不是很有钱的人喜欢打肿脸充胖子；而真正有钱的却藏着掖着并不想让全世界都知道。

就像没有多少才华的人老爱抢话发表意见，非要大家认为他是个多么有能耐的人；而真正睿智的人却深藏不露，听完一圈后，大体都能摸出大家心思，再缓缓抒发观点。

就像半红不紫的三四线艺人，好不容易接个活动，都爱被人宣称为“当红影星”“知名歌星”；而真正的大腕，只在微博认证上写着“演员”“歌手”。

……

我认识两个人，一男，无学历无实力无魅力的三无人士，二婚，到处借钱，消费奢侈，飞机一定要坐头等舱；一女，和老公两人几乎都没什么积蓄，用长辈们的钱买了一辆宝马，之后天天在网上就晒那辆车。

有个超红的韩国明星，红到笑容可以在瞬间激发所有女生的花痴，一打开电视，都是他的广告；娱乐新闻里，总会有他的报道。像这样的大腕，在一次生日会上，他对几万粉丝说："感谢大家那么喜欢还有那么多不足的我。"接着是深深的 90 度鞠躬，持续 5 秒以上……什么叫情商，懂了吧？比起耍大牌的艺人，他是不是立刻高大无比？这句话一出，你们知道粉丝们都心疼成啥样啊？都恨不得把他捧到手心上呵护说："哪有不足，你已经是我最完美的神了。"

当你拥有的越多，才越具备与世无争的能力。

如果你只有 100 块钱，掉了 10 块是什么心情？肯定纠结半天吧？

如果你有 1000 块，掉了 10 块钱是什么心情？回忆一下掉哪里了，实在找不到也就算了吧？

如果你有 10000 块，掉了 10 块又是什么心情？估计无所谓吧？

越是拥有的多，越是能放得下放得开。所以，要让自己大气，最有效的方法就是强大自己。

这点我深有体会。记得有一次去一家咖啡厅写书，我想找一个让我完全能够融入写作环境的位置，便提出想坐楼上，服务生指了指二楼中间的两人位，我一看，旁边都是人，太吵，不行。她于是又把我带到靠窗四人座的沙发，我说我一个人坐四人座，万一等下来一群人，那就没地方坐了，也不行。于是她把我带到楼下，但是发现适合一个人的小桌子只剩下两张了，一张是竹椅方桌蓝白格子桌布，一张是沙发圆桌红白格子桌布。我喜欢沙发的高度和铺着蓝白格子桌布的方桌，于是向服务员提出可否把桌子与桌子换一下。两个女服务生在边上摇摇头，其实没什么难度，只是她们怕麻烦。正在此时，另一桌客人走了，正好符合我的需求，我便换了过去。

经过那么一轮“找位置”，两个女服务生应该是觉得我要求太多，开始在背后笑我，经过她们身边去洗手间的时候，那眼神就是在对我说:“机车的女人”且配着尴尬的笑。哈哈，要是换成以前的我，可能会跟她们较真一下:“怎么了？”但是当时的我却没有，反而觉得很好玩，想想自己若是她们，在那个程度，做着那份职业，可能也会觉得自己遇到了一个挑剔的顾客。再想到我的一顿下午茶就是她们一整天的工资的时候，怎么还会把那背后的闲话听进心里呢。

让自己见识得越来越多、拥有的越来越多……一个身价百万的你哪里好意思和一个乞丐去计较？若是你真的在计较“一分钱”，只能说明你本身就值那么点分量而已。

看过武侠小说或是武侠剧吗？几乎每一部武侠剧里都会有想称霸武林的人，而往往这些人都不会是故事里武功最高强的那个。当众人在比武大会上争个你死我活，这个真相那个真相“吧啦吧啦”往外爆、嬉笑怒骂此起彼伏时，总会突然杀出一个神秘的绝顶高手，三下两下就把人家几十年恩怨化了，让人家几十年的执迷彻醒。这样的高手，

除非是和家人或朋友一起，否则我宁愿一个人旅行

淡定 就是把一切当风景看

贵妇是一种生活态度，每个人都可以成为自己的贵妇

和孩子们一起笑

很多人评价我：可以在屌丝和女神之间游刃有余地切换，弹性很大，哈哈

喜欢历史　喜欢文化　喜欢
安安静静地徜徉其中

自信是最美的衣裳

往往不是藏经阁的扫地僧就是隐蔽离岛的仙姑……为什么真正的高手都不屑“天下第一”？因为他们是高手啊。说得明白点，真正高手的境界他们已经拥有、达到，在造诣上他们已经是佼佼者，对博大精深的武功已经深谙其道，又何必再贪图“虚名”呢？

讲讲我们的初中同学聚会吧，我特地将大陆出差回台的行程做了调整，毕竟是 12 年没见的初中同学们，带着 80 后恰是浓处的怀旧情绪，我决定推开一切事宜空出半天去参加。在聚会前的一个月里，同学 CHENG 将全班近 60 个人召集归队，建了一个微信群，大家七嘴八舌聊开，竟然有种小时候下课教室炸开的感觉。对于一个做了所有人都该做却都没有做的组织者，全班同学心里多少有点感恩，我也是，自认属于没心没肺的类型，毕业后就跟大家断了联系，各自发展，这次归队，对 CHENG 也是几分敬重。所以，当他邀请我担任聚会当天班会的主持人时，平时傲娇的我都不好意思拒绝。

离同学聚会举行还有半个月，我已经陆续收到同学们隐忧的表态了，担心我们的聚会也会如网上帖子里所说的演变成炫富大会。我和几个同学聚会策划小分队的成员都奢望着最好人都到齐，像 CHENG 说的，一个都不少。于是，在微信群里，作为主持人，我发了这么一段话——

晚上好，亲爱的同学们，很高兴 4 月 12 日大家即将重聚，12 年后一起坐在教室里肯定充满感动……看到“工作人员”发给我的当日安排，他们的用心程度真的出乎我的意料，很受触动。我建议大家当天“低碳”出行，若非必要，尽量别开车（不过周六可能会有非常非常小的雨），大家像初中那会儿一样，纯粹地，傻了吧唧地去“上学”。相信我，也许今后，我们再也无法聚齐那么多人重温青春，再也没有那么多年近30岁的同学们为了给彼此营造一个怀旧梦而努力抽出时间从四面八方赶到，再也不会有那么几个“二叉”在忙碌工作之余帮大家安排好一切及尽可能周到。我们仍然是我们，无论各行各业，在那个聚会上，我们只是一群充满感恩的老同学……

说那么一堆，一句话概括就是——拜托！在那个怀旧场，谁都别炫！否则很讨人厌！

绝大多数同学心里都想说这句话，可都说不出来，刻意这么提句醒，担心大家会不会以为自己混得不好。这话从我口里说出来，大家至少不会这么认为，毕竟没看过我书的也多少看过对我的报道。

结果是，班会到了30个同学加3位老师。CHENG因为职业关系(他兼职从事婚庆事业)，把教室布置得比小时候的班会像个班会多了，气球扎起来，黑板描上画，幕布上挂满小时候的照片，电视屏幕播放催泪的音乐视频……大家笑着叙述现状，哭着回忆往事……整场班会算是太太平平地办了下来。

80后已经逐步进入集体怀旧，我已经试过怀旧，现在的心态是——怀旧很沉重，无论多么渴望都无法再回去。所以，还是务实点。等哪天想要彻底被怀旧情绪蹂躏一番的时候，再放胆尝试。

3. 低调才是最牛的炫耀

如果说同学微信群的好处是让很多老同学重拾联系，那么同学聚会的好处就是把人“物以群分”。聚会后，相投的人形成了“恢复熟悉”后的新圈子，不相投的人又像交叉线一般再一次远去。比如，“虚”和“虚”走在了一起，“空虚”和“空虚”走在了一起……

听一个朋友说他们的同学聚会，申明，说的是人家的同学聚会，尽管大家都很低调，几个做生意的老板同学因事没到，还是有人愣是要抓住机会，就200米的路，把他那拍了半年没拍到牌照至今无牌的150万宝马X5开出来……同学们嘀咕了，既然有钱，怎么不干脆把两桌家常菜的单买了？

另一个女生，听朋友描述的情况是这样的：“那女生属于长得媚媚的那种，身边一直不乏追求者，大概也因此养成了她觉得‘男人即是依靠’的心态，因为她要什么，男人都会满足她。高中的时候她父亲不幸因车祸去世，瞬间变成单亲家庭的她更加坚定了要嫁一个在经济上可以依靠的男人的想法，另一方面也让男人们更加怜惜她。在我们同学聚会上，每个人发言，轮到她时，她娇羞地哽咽了起来。可你知道不，她爸葬礼的时候她都没哭，我去探望她，她还‘谈笑风生’像个没事人一样，也不了解她家到底什么情况，好像死了爸都无所谓。

怎么同学聚会，居然哭了起来。SARA，就是我们的主持人，会后跟我说她当时都诧异了，本来就一同学聚会，她这一哭是给SARA立了多高的标杆啊，SARA说她本来是不打算哭的，怀旧的气氛好像也没到那程度，可最后硬是挤了几滴眼泪，不然别说是个合格的主持人，恐怕都不能算个可人的‘女孩纸’了。”

这个女生，我与她也是微信好友，不算熟，只能算认识。看她朋友圈，只晒老公给她的名牌包包。她老公吧，发福得跟个村干部似的，月收入三四千块钱，但因为是公务员，加上父母比较能干，她就一直觉得自己嫁了个有钱人家，变贵妇了。

在我们的同学聚会上，我也哭了。不是演林黛玉博怜爱，而是因为结尾时，大屏幕上播放了一段过去的老照片集锦，看着原本一张张帅气青涩的脸，现在都快成了身材走样的“大叔”，怎能不让人唏嘘。小时候，无论谁，来自什么样的家庭，拥有着什么，都有坐在教室里听课、畅谈梦想的权利。可十几年过去，很多人的眼神里居然已经有了“沧桑”。

他们的眼神，让我想起了曾经上学的时候在公交车上看到的一位中年男子，西装、西裤，拎着黑色公文包，穿着有点旧的但擦得十分干净的皮鞋，安静地坐在我对面右前方的座位上。我看着他，认真的表情，注视着前方，也是类似的眼神，一丝落寞、一丝坚忍。当时，我还是高中生，看着这位陌生人，竟有些心疼——也许他远远超过了做梦的年纪，不知道是什么原因没有在大众认为该成功的年龄取得大众认为的成功，但他仍然西装笔挺，也许是为了给家里的老人小孩更好的生活，他依旧没有放弃，像电影《幸福来敲门》的男主人公一样，依旧在坚持。不管，周遭怎么看他；纵使，还只能搭公交车……

小的时候，你以为人人平等，大家都差不多，什么都是一样的，笑是一样的，哭是一样的，玩闹是一样的。可在社会上才滚了几年，你已经明白，什么都不是小时候认为的那样的。家庭环境的不同，笑和哭其实不可能是一样的。梦想被现实磨得粗糙不堪。

面对这样的老同学，请问，有什么好炫的呢？有什么谱好摆的呢？靠家里张罗有份优越生活的，又有什么值得骄傲的呢？你只是比他幸运罢了。靠自己奋斗起来的，生活已经给出答卷，你又何必再无意间戳人痛处。总之，和老友相处，“装”什么呢？就按照以前的模式来，以前怎么样，现在还是怎么样，才让对方最自在。用自己真实的状态存在，你也最自在。

假设你有一天中了一百万，你是欢天喜地告诉所有人，还是悄悄地把钱藏好？

假设你有一天飞黄腾达，回到故乡，你是不可一世指点江山，还是翩翩君子谦虚低调？

你要是不怕大家来盯着你借钱，吵着来拜托你事情，你大可让天下皆知你有钱。

你要是无所谓大家认为你“行了”，以至于你为大家做任何事都变得理所当然——“你既然比我们有能耐，那当然应该你付。不然，我们干吗和你一起，低你一等，自讨没趣。”

我去理发店洗头，洗头小妹最爱聊天，刚坐下不久，才听到前一秒钟她们几个店员在抱怨工资少，后一秒就转身招呼你：“姐，又来洗头啊！”

“是啊，老样子，水洗，用XX洗发水，不用护发素，洗两遍，洗完后水帮我冲干净，要冲很干净，冲到每根头发都很干净，谢谢！”由于理发店的人员流动性很高，每次洗不一定是同一个人，这句话是我对每位初次给我洗头发MM的标准要求。

“好的……对了，姐啊，你是做什么的？”

“公司里当行政的。”

“你们公司里上班的，工资肯定很多吧？肯定比我们高多了，唉！”

我听着她对着我的头叹气，也深深叹一口气：“什么呀，很少的！”

“一个月多少啊？”她打算打破砂锅问到底，要知道，她们的概念里是没有什么说话艺术的，分不清什么该问什么不该问，只要你不翻脸，她们也看不太懂你的心思。要是你翻脸也简单，大不了就是大家都没有台阶下嘛……但，我不至于这么做。

“唉，我都不想讲，一个月三千块，租房子都不够。”

“我只有两千八……”她再叹了一口气，但貌似心情好多了，说话的尾音明显上扬了一些，大概是觉得像我这样的上班族也比她好不了多少，心里平衡了点吧。其实在说出那句“三千”之前，我还特地估计了一下现在理发店的服务员一个月能拿多少钱，是从在这个城市的生活成本倒推了一下，没想到还是低于我的想象。

她继续问：“你们中午包饭吗？”

天哪，这些问题基本就没有在我的大脑中出现过，好吧，回：“不包，都得自己。一个月三千块，其他什么都没有。”随即做出失落的表情，对她叹一口气说：“现在做什么行业都是很累的，我们每天对着电脑，都快得肩周炎了……”然后，闭上眼睛。

她大概认为这个话题对我而言也挺沉重，说了句“我们包的”就没有再讲话了。

我不知道你们怎么看待我对陌生人编造一套身份的行为，但至少，在短短几句话后，她就没有再烦过我，也没有向我推销任何理护染烫产品，反倒是帮我洗头无论从按摩力道还是冲洗程度都更上心了，大概认为“同是天涯沦落人，自己人何必宰自己人”。

和这些萍水相逢、今生也许根本不会再见第二次的人，我为什么要说出实情，增加他们的落差感对我而言有什么好处?

插个小故事，我有次去一家店洗脚，店里的男生比我弟弟还小，拿着水盆蹲下，很仔细很认真地帮我洗，快洗完的时候，我正好接了个电话，挂断后，他抬起头，看着我，说：“我洗一辈子脚都买不起你说的那个东西。”我怅然地看着他，给了他 50 块小费，对他说：“那就不要洗一辈子脚，加油！”

突然想起来我外婆的事——

外婆有四个女儿，其中一个嫁了个村书记，在那个村里属于大户人家。外婆最待见这个女婿，会看他脸色，六个外孙女加一个外孙中，她只带这家的两个女儿。因为成了村书记的岳母，脸上有光，外婆便有些趾高气扬，对其他穷亲戚看不上，行为言语间也显出“目中无人”的感觉。农村人，有些是很有骨气的，因为外婆的冷眼，很多人开始对她敬而远之，包括她的亲弟弟。我是直到前两天，才知道，原来外婆有个弟弟。

后来，外婆年迈病重，已经到了好多天无法进食，医院都不肯收的地步，只得躺在床上靠腹透维持着生命……自这次一病不起后，很多原本她倾注了心血在乎的人显出的冷漠让她心凉到彻底（都是自家亲戚，我不方便描述），而原本她不待见的那些女婿、外孙外孙女反倒不怕麻烦不惜重金地挽救她、陪伴她。她弟弟也终于在几十年后，在大家的劝说下，回来探望了她，冰释前嫌。

躺在床上，外婆无数次流着泪，诉说着懊悔……直到走的前一天，还在不甘心地咒骂当初白白带大了的那两个没有良心的小孩，而对曾经没被她正眼看过却在她最需要的时候陪伴着的人充满了感谢与抱歉。

前一篇角色管理，说到不比不炫，其实也是EQ的体现。低调就是腔调，当你不再用自己所拥有的去反复提醒你的“朋友”们所缺失的，朋友们会更舒服自在地与你相处，他不需要担心在你说道“你怎么还留在这里呢？这里的空气太差了。你真应该学学我，移民算了”而不知道后面要接什么，也不需要尴尬你会问：“哎，你怎么都没请保姆噢，自己带小孩很累呢……”

我和我大学时期的两个密友出去，至今还是 AA 制。那是一种过去的习惯，若是我突然改变模式，大肆请客，那不是把一种亲昵的平等友谊变成居高临下了嘛……

我一直认为——那些在你生活中消失三年以上的人类，说明已经无须在你的生活中出现了。

对于“老同学”，我其实也持这观点。可像我们初中同学聚会后，重新获得联系，若是互相看得顺眼，能出来吃吃饭唱唱歌的人，那就意味着有了新的缘分。聚会后，我们有几个人组成了“人妻吃货阳光明媚”组，这个名字取得好，直接反映出此团体的定位——不谈生意、没有合作、不用了解你我现在是谁、身处哪里，再见面，就一起吃个饭。

四个人妻，截然不同的职业、各有不同的生活……若不是老同学这层关系，光看现在的发展轨迹，应该是四条平行线才对。她们仨给我展现极大不同的三面，代表了相当的三批女孩，挺好，和她们的谈天聆听到更多她们以及她们身边女孩儿们的真实故事，直接可以帮助我累积写作素材。

人妻组里的 RITA 私下对我说：我不知道老同学们都是怎么想的，因为十几年没联系，一开始在网上看到你的报道，我也觉得你所拥有的是因为你老公，接触后我看到其实也不是，主要是你自己努力工作赚来的。所以后来我也没有那种应该是你埋单的想法，大家都是平等的，都是靠双手脑子赚的钱，赚多赚少都是自己的本事。

在外界多女神也好，在职场多女强人也好，和她们一起的时候，我就“不带智商”“不端形象”，完全傻妞示人了。这种相处模式既符合我们这个组的定义，又可以避免滋生没必要的距离感。她们有时会好奇追问我的近况，我一般笑笑，撒个娇“哎哟，有什么好说的啦”就不会多言。

以前也试过和一些老朋友相处，结果并不好，当她们了解你越多，落差感骚动得越厉害，有时纵使你说一句非常普通的“我的表拿去修了”，她们也会把重点放在“你有一块需要修的表”而不是“你的表拿去修了”，或是“好幸运，上午的飞机，×× 明星就坐在我后面，本人好漂亮！”她们的重点也会放在“你坐在能遇到明星的舱位”，再次之才是“你遇到了明星”。渐渐地，你表达什么，在她们眼里都是炫。再渐渐地，就会看你越来越不爽，下意识地想要找寻你“其实没那么好”的蛛丝马迹以获得内心安慰。这是自尊心在作祟，可以理解。女人，要知道，真心为你好的闺密一生有那么几个就已经很是难得了，不是任何“朋友”都能成为朋友的。所以，没必要多说什么，你又不是要跟人家有进一步合作，傻乎乎地过过场就行了。

老同学小远告诉我一个她身上发生的例子。在她婚姻不太如意的阶段，她和几个同样不幸福的人走到了一起，聊天的话题无非是各自诉说各自的不幸，吐槽吐槽事业、吐槽吐槽婚姻……若是出去玩，一定是因为其中哪个人心情欠佳而提议去散散心，彼此你看看我的痛，我瞧瞧你的伤，心里也就平衡多了。

后来她的生活改善了，买了房子，和老公的关系也融洽许多。心情状态不像从前，聚在一起的时候，也没有那么多类似的话题可以抱怨。反而大家在数落生活中种种不是的时候，她还开朗得替大家出谋画策……

按理来说，这对她而言是好事，大家应该恭喜才对。可结果正如你们所预料的，团体慢慢地把她排挤出去。为什么？不是不想看到她幸福，而是不想一遍一遍地用她的幸福来反复体会自己的不幸。她的状态已经不再符合这个团体的“定位”了，所以，只能淡出。

定位清楚，应对也就自如。和朋友相处，你所拥有的与她们无关，那么你所拥有的附带的优越感也与她们无关。所以，放低你的身段，收起你的架子。

当时在企业，我在总部，而我们全国有六十几家分公司，你会发现，每个当上分公司总经理的人都是有两把刷子的，出色的业绩不是光靠职场经验，更靠人格魅力，而这人格魅力，就是谦和低调。经销合作伙伴们之所以愿意为他们效犬马之劳，在众多竞争企业中选择与他们合作，倒不完全因为赚钱，到一定程度，合作商们更重的是感情，所以既谈生意也讲义气。我和分公司总经理们及经销商吃饭聚会，他们都是互相敬重，诚意交谈，把对方当弟兄，既赚了感情也赚了钱，达到共赢。

用经销商的话说：“我很感恩×总，是他把我拉进这个圈子，如果没有他，就没有我们公司的今天。他一个总经理，待我如兄弟，我愿意再和他合作十年、二十年、三十年！”

而用分公司总经理们的话说——低调才是最牛的炫耀。

4. 已经来不及，那我就不说了

在网上看过这样一个故事，值得深思：

有一对夫妇，在婚后 11 年生了一个男孩。夫妻恩爱，男孩自然是二人的宝贝！男孩两岁的某一天早晨，丈夫出门上班之际，看到桌上有一瓶打开盖子的药水，不过因为赶时间，他只大声告诉妻子：“记得要把药瓶收好！”然后就匆匆关上门上班去了。

妻子在厨房里忙得团团转，却忘了丈夫的叮咛。男孩拿起药瓶，被药水的颜色所吸引，觉得好奇，于是一口气都给喝光了！药水的成分剂量很高，即使成人也只能服用少量；由于男孩服药过量，虽然及时送到医院，但仍旧回天乏术！

妻子被突如其来的意外吓呆了！不知该如何面对丈夫，更害怕丈夫的责备。

焦急的父亲赶到医院，得知噩耗，非常伤心！看着儿子的尸体，望了妻子一眼，然后在她耳边悄悄说了四个字，：“I LOVE YOU DEAR！”（亲爱的，我爱你！）

西方人称这种行为是“PRESET BEHAVIOR”。翻译成中文就是“前慑行为”。它的含义就是：要反过来控制局面，而不被局面所牵制！这个做丈夫的，因为知道儿子的死亡已经成为事实，再多的责骂也不能改变现况，只会惹来更多的伤心，而且不只自己失去儿子，妻子也同样失去了儿子。

接着这个故事，说说发生在我自己身上的一件事。

第一本书的小畅销，让我接到了很多校园活动，尤其是到一些大学里去演讲，我更是重视这些和大学生们交流的机会。

那次是我一位读者联系到出版社，说希望我能够到她们学校（B校）演讲。出版社考虑到我正好在南京的另一所学校（A校）即将有场演讲，建议把两场演讲安排在紧挨的两天，征求我的意思，我欣然答应。

出版社、两所学校和我，几方初次敲定的时间是A校14日(周三)B校15日(周四)，谁知我在刚确定下日程不久，又接到15日16日(周四周五）在济南的管理会议通知。对我而言，两件事都做肯定是最完美，大学演讲呢我是主角，因为是唯一的主讲人，而管理会议呢我是配角，因为只不过是参会，但有个重要的环节是15日和那些“总”们一起晚餐交流。由于两所学校都还没有把活动策划案发给我，我就抱着试试看的心态和他们商议能不能改时间。

于是有了第二次敲定，A校放13日（周二）B校放14日（周三）。由于两所是完全不同风格的院校，A校是传媒类，B校是理工类。我就分别对两所学校的演讲理了两套思路，还特别调整了内容做了两份不同的PPT。对我而言，认真地做好工作中的每个部分是一种态度，这种态度是给自己交代的，不是给别人看的。

下周二就要赴南京了，这周五晚上9点半突然收到电话，是B校的学生打来的："童言老师……不好意思……因为周三图书馆报告厅要办团组织活动……我们……我们可否换个时间……换到原定的15日……"那时我正在带一个到上海出差的台湾朋友逛古镇，听他支支吾吾地在电话那头讲，我也能感觉到他的不好意思，考虑了30秒，还是决定不负同学们的期待，答应更改时间，毕竟15日是一开始就说定的，被我改过去，再改回来，也说得过去。我只能取消去济南管理会议的行程。

就这样，原先紧挨的两天南京行，因为协调时间，变成中间空出一天来。

由于一开始就说好是公益演讲，不但不收费，往返及住宿都是自费外，我还从台湾带了4箱小礼物来送给同学们作为演讲时的互动礼品，当作心意。

我是接受不了一天的"闲置"时光的，所以加紧安排，联系了南京分公司于14日下午拜访。上午呢，朋友载着到紫金山走走，中午约了一位南京电视台的主持人吃饭。这样一天也算是安排得满当当。

13日晚在A校，全场爆满，原本说好晚上8点结束，被大家一个接一个的热情提问及恳求拖了时间，最后，签完书、合完影都差不多9点了。我称这场为"持续沸腾的演讲"。

15日晚在B校，我被接到休息室休息，学生团队看到我既紧张又热情，我邀请他们在我身边的沙发上坐下一起聊聊，他们也还不太好意思，觉得和我并肩坐是种荣幸。其实，我倒是觉得在演讲前和学生们聊聊，有助于我了解这个学校和学生们的特色，是有利于演讲的。

接着，学生们被一个又一个叫出去，再回来看看我，笑容背后是神色凝重，然后又出去，还时不时有人回来让我再等等。眼看离演讲的时间越来越近，我好像已经预感到了什么。已经到了约定好的 18:00，我被恳求继续等等，学生们来告诉我，今天一天都找不到负责学校短信平台的老师，学校活动的宣传一般就是通过短信平台发到每位学生的手机上。所以，这次演讲，除了在图书馆报告厅门口放了一张我的海报外，其余几乎零宣传，而且那个报告厅的门还是个很难找的门。找不到那位老师，学生们急疯了，尤其是那位邀请我来的小粉丝，更是满脸抱歉地连声说“不好意思”。

我说：“没事，有同学到了吗？”

“真的很对不起，童言老师……有同学到了……”学生们支支吾吾地回答。

“好啦，既然有同学到了，那么我们就开始吧。”是呀，我能怎么样呢，在那个场合，如果出去，人少的演讲反而是种负面影响，外界可能会以为我的演讲不够有吸引力，可若不出去，听众都在等了……思想斗争之后，还是决定，无论来了多少人，无论影响有多不好，我得对听众负责，不能让他们失望。

一出场，偌大一个图书馆报告厅，大概才到了一百个人。我若无其事地开场，谈笑风生，掩盖心里的凉意。人多人少，都得高标准地讲，不然呢……终于，一个半小时的演讲结束，到场的同学被气氛带动，也是热情提问不断，超了时间，在主持人的协调下，才终于结束了演讲。

组织的学生满脸抱歉，我微笑：“没事啦，哈哈……”然后向他们鞠了一躬，道了声“谢谢！真是辛苦大家了！”在一句接一句的“对不起”中被护送上了车。

在去高铁站的路上，我已经有些疲惫，坐在车里，看着窗外，思绪一直飘啊飘……说实话，那么“折腾”的一次演讲却出于这样的原因没有达到预期的场面，内心实在是畅快不了，应该说是堵得慌……

突然手机来了一条短信，原文：童言姐，今天我们真的出了差错。很不好意思，还让您耽误了昨天一天的行程。以后我们这方面一定会注意。您一路平安……到了上海还麻烦您发一条短信给我。谢谢您。

我先是在心里习惯性地翻了两个白眼（我一定得改掉翻白眼的陋习），努力拨开缠在心上的郁闷，回了一条短信：“你和社长都不要难过咯，谢谢你们噢，辛苦了！之后照片发给我噢，我来选几张对外发布，DON'T WORRY.”

之所以前文铺垫那么多再说结果，是想告诉大家，其实我当时内心的落差感是很大的。可人家的心里已经超级不好受了，难道我还要让他们更不好受吗……就算我直抒想法“唉，怎么能在那么重要的宣传环节失误呢……”又有什么用呢？事情已经如此，不会因为说任何话做任何事而改变。

对于处事，开始前，尽量计划周全做到最好，而结束后，对无法挽回的结果，最该做的，却是——闭嘴、放掉。

你们可知道，为了让他们感觉我是真的不介意、很OK，本人还特地在高铁上自拍了一张笑开了花似的照片上传到微博，以间接安慰他们。

所谓情商，就是别光顾着自己爽，得多为对方考虑一点。

5. 零抱怨

我从 4 年前进入企业，接受到的第一个培训是来自 FRED 告诉我的一个关键词——NO COMPLAIN（零抱怨）。

试想一下，一个天天在你边上唉声叹气“唉，真是的，我老板怎么老是自己事情不交代清楚就让我去做，尽让我重复劳动！”“这个客户真是难缠，方案来来回回改了不知道多少次了，到底什么时候是个尽头！”“为什么事情那么多工资那么少啊，只让马儿跑不给马儿吃草啊！”……听个一次两次，你是不是同情她的遭遇？听个一百次，你是不是就想把她的嘴缝上了？

再试想一下，A 讨厌你，惹了你，你心情不好，但 A 不好回敬，于是你憋着火气无处发作，遇到 B，柿子挑软的捏，全倒在他身上，B 想啦：“你心情不好管我 P 事，凭什么撒我身上！”再然后，B 也讨厌你了。

上面这个模式，其实最适用于你和家人之间的关系——你在外受了委屈，心情不爽，回家对父母没好气，向最不该倾倒抱怨的人倾倒了抱怨。虽然他们不会讨厌你，而是选择原谅，可你的无来由抱怨一次次寒了他们的心……

每个人都有不开心的权利，但并没有传染得周围的人都不开心的权利。

我在“人妻吃货阳光明媚”组刚形成的时候，就先给出准则：“在我们这个组，互相倾诉什么都欢迎，好的坏的都可以讲，但是不要把坏情绪波及组里其他人。就是说，假如我遇到了恶心事，但是不能把因为恶心事而堆积的情绪用不妥的态度及言语发泄在不相干的朋友身上。这是个分享的组，不是情绪垃圾桶。”这些话说在前面，大家若是在乎，自然理解，若是不在乎，那关系本也不会长久。

众所周知，打哈欠是可以传染的，美国德雷克塞尔大学的心理学家史蒂文·普拉捷克认为，所谓的打哈欠传染更容易在移情人群，即那些喜欢将自己假想成他人的人中发生。我的经验是——负能量亦是如此，和打哈欠传染的原理一样。

刷微博这事，越来越让我感到无奈。太多人充满戾气，指责、看不惯、拿尖酸刻薄当个性……大家都像玻璃脸，忘记从内心发出的笑是什么感觉，往往别人轻轻一碰，就能瞬间爆炸。喜欢传播负面情绪，好像自己过得不如意，就得拉着全世界一起“陪葬”掉快乐。有个“垃圾人定律”，意思是世界上存在很多负面垃圾缠身的人，他们需要找个地方倾倒，有时候被人刚好碰上了，垃圾就往人身上丢。

这是很可怕的，我们谁不希望自己的孩子能生活得无忧无虑，可若是连自己都是“垃圾人”，还有谁当“心情的清道夫”？又如何帮下一代建一个更加舒服的世界？

像一个“苦逼循环”，越是底层，越感觉到无力，觉得和理想生活有距离，越是放弃不努力，便越发不如意，而后变身成刺猬，消极刺痛周遭，就越是只能在社会大环境中被相对流动到底层。什么叫相对流动，就是当你止步不前的时候，别人的攀爬促成了你的落后。

如今，风气如此，我劝各位，易怒是迈向“垃圾人”的征兆，大家先提防自己成为“垃圾人”。然后呢，再尽可能多地远离垃圾人。怎么远离？我会在下一本书的“人脉主义”这章中详细分享。

你说多奇怪，每个人都在期待被世界温柔地对待，自己却懒得对世界笑一下。社会对谁而言不残酷？生活已不易，且行且珍惜。谁没压力？谁的身边没几个小贱人？谁的职场一帆风顺？当每个人都在漫无边际的沙漠中行走的时候，口干舌燥，举步维艰，可能太阳再毒辣一点，人就要倒了。甚至有的已经在想“还不如放弃前行，我撑不住了”。他们等待的是水，期盼的是夜空中照亮的星，欢迎的是一种坚持下去的“力量”，而不是“泄气”。

大家说我励志，说我正能量，其实哪有那么多正能量。我只是自问，自己累的时候，最想看到的是笑脸；自己失落的时候，最想听到的是鼓励；自己失意的时候，也会去瞄瞄一种快乐生活的状态。那样，再难，我也能先洗洗睡，第二天醒来又是满血复活。既然如此，我也应该成为这样的人，给关注我的人传递一种 POSITIVE 的“精、气、神”。

本人最讨厌具备三大特质的人：常抱怨、包打听、废话多。

我认识两个人，一男一女，在不同的外企工作，都是五六年的职场经历，至今没被提拔过。据我看来，几乎一辈子跑腿的命。他俩的共同点，就是上面说的三大特质。拿ANNE来说，她几乎有种“无意识挑拨离间”的病，这病的俗称用上海话讲就是“十三点”。她习惯在A同事面前讲B同事不好，在B同事面前讲A同事不好，但她本人却是无意识的，说完可能自己早忘了。所以，她认为不能升职一定是外因，而自己是个与世无争的率真孩子。反正全世界都有问题，老板有问题，同事有问题……就她清醒无比。

关键是，常抱怨还不是极致，常抱怨加包打听，就让人更痛苦了。那耳朵简直就像是天线做的，搜寻各种各样的小道消息，听个一知半解，以为是个百事通了。那也还不是极致，最极致的恐慌是，常抱怨、包打听也就算了，还废话多，别人的事，不管跟她有关没关，都要插几句嘴，好像某个话题不说上几句，就不能将她的“八婆”功力淋漓展现似的。

每次遇到这样风格的，我尽量避而远之。发现她们是真心实意地从骨子里“二”，不知道自己有多遭嫌，关键还挺享受自己“二得快乐”。她们倒是快乐了，别人却因她们时不时的“脱口而出”痛苦不已。试问，你是老板，你敢升她们吗？纵使她们具有极强的办事能力，但她们那管不住的快舌头几乎把你的老底都要翻个遍“口沫飞溅”地烂给别人听，帮你处理了别人也有能力处理的事，却带给了你别人所不会带来的问题，而且后者极具杀伤力……

在企业，智商低，影响的是升职，情商低，影响的是生存。要是你有这样的下属或同事，是不是恨不得立刻把她请走?

我对自己列了个要求，个人情绪的微博不过夜——当下忍不住感叹的东西，第二天无论如何得删掉。因为这个习惯，没过多久，我就没有欲望再在网上抒发情绪了……

若你是个喜欢抱怨的人，请每天做这样的事，把当天抱怨的事情一一记下来，隔三天再翻出来看看。再看到的时候，是不是觉得那些事太鸡毛蒜皮?太不值一提?所以，你每天向别人输出这些负能量小碎事，有多少人感激?有多少人想听?有多少人为你献策?又有多少主意能起作用呢?大家还不只是抱着看怨妇的心态，笑笑原来你比我还惨，然后继续过自己的日子。那些鼓励你诉苦的人其实是想对你说："来，把你的悲伤说出来让我们乐乐。"

而你的抱怨，可能已经被有心人默默记下，小心哦，也许人家还悄悄按下了录音键，在你想不到的时候偷偷地播给别人听。在社会大圈子里，总有人超过你的想象，你根本无法用自己的程度去预料别人的"深度"，到最后，伤害自己的利剑极有可能是你自己的抱怨。

三、拿什么安放你的势利眼

我在公司每次见到保洁阿姨，都会笑脸相迎亲切问好，有时搞得阿姨都不好意思了："哎呀，你一直那么客气，叫我阿姨好阿姨好，你们见到总监问好是应该的，可叫我，我都不好意思了。""有什么不好意思的，见到总监要打招呼，见到阿姨也要打招呼。对我来说，都是一样的。"

阿姨虽然是全公司的阿姨，但貌似格外喜欢我和"照顾"我，茶水间热水壶的水开了，她有时会特地端过来替我倒上。

大家还记得ELLIOTT吗？《完美逆袭I》里讲到5分钟建立人脉的部分中有提到他，那位我在飞机上认识的、前大型美资企业的亚太区CFO，现在是某知名游艇公司的亚太区老总。我们总是"英雄所见略同"，他也是这个观点：要和基层打好关系。他总是和公司的司机师傅们保持十分CLOSE（紧密）的关系，而且他招进来的司机都得懂英文。聪明吧？别小看司机师傅的作用，他们可是企业里的"隐形眼镜"，看似和老板的LEVEL（层级）最远，但实质距离最近。他们负责接送各大BOSS（老板），老板爱乘什么航空公司的班机，喜欢哪家餐厅，何时何地到哪家店买了包装精美的礼物，在车上给谁打电话，大概说了些什么……通过这些"可爱的人"，你能知道很多老板本人不会说的事，探得他们的喜好、品鉴能力和最近的心情状态。多么深邃的“情感”——老板们总是看不见他们，而他们的眼里却都是老板……这就是为什么游艇集团的老总们总能对 ELLIOTT 的安排感到惊喜，ELLIOTT 如此深得其心，多亏了那些默默无闻的“凝望者”。

你会发现，越是有地位的越谦逊有礼。公司的总监们几乎个个平易近人，我们公司全国几千人，总监总经理级别的不超过 1%，这些人都是见过风浪的，可没一个开豪车上班的。比如 FRED，堂堂一枚总监，住在上海高端住宅区，却开着丰田上班（不是说丰田不好，只是从价位上来说，他完全可以开更好的），对人一视同仁，见谁都几乎 90 度鞠躬打招呼。相反，我却看到过专员级别的人对着保安大声训斥，完全不顾及彪形大汉那紧绷的尊严和脆弱的心。

对地位比自己高的人附势谄媚，对地位比自己低的人冷眼不屑，这是普通人。

对地位比自己高的人淡然对话，对地位比自己低的人谦逊有礼，这是聪明人。

社会上很多人嫌贫爱富、趋炎附势，可在我看来，反一反才“正聪明”。

你想呀，你对你的主管说尽好话，他心里怎么认为？也许会想：“哦，拍马屁！不过……我喜欢。”然后呢，然后就没有然后了，对他而言，拍马屁的人太多太多了。这就像你跑到富豪、明星或者名人的微博里说一百遍“我爱你！我好‘宣’你！你真厉害！”有什么用？人家看到了顶多心里爽一下，又不可能因此把你列为关注对象。

如果你说，对于老板，大家都在拍马屁，只有我没拍，不好吧？

我想说，是，确实不是每个老板都只看能力的，谁都喜欢听赞美，偶尔你借着客观的事，说句“哇，老板，您真睿智，考虑那么全面，跟着您，真是受益匪浅”。点到他心里就好了，不要过度，否则立刻沦为奉承拍马的嘴脸。但相信我，若一个老板只靠听马屁来决定亲疏，那他能是个多有才干的老板？

其实很多地位高的人，身边最不缺的恰恰是“谄媚的脸”。低头哈腰的见得多了，你若是有能力有本事，淡定自若地阐述观点、交流想法，他们还可能会眼前一亮，欣赏你这只自信的潜力股。若是真有料，没准还能因此寻到你的伯乐。要知道，好多伯乐眼神不太好，你太过OVER地展示，会把他吓跑，以为你也是只懂溜须拍马之流，也许都不会再多看一眼。所以，有的时候，你需要从容地、用最让人舒服的方式表现你的才华，帮伯乐好好擦亮眼睛。邓文迪与默多克的初识不就是如此吗？呵呵，只可惜，人生若只如初见。

至于对地位比你低的人，又该如何？

相信大家对这个场景并不陌生，当然也许没那么夸张——你到一家餐厅用餐，遇到了笨手笨脚的服务生，在几桌客人之间跑来跑去，嘴上挂着“哎，哎，马上来！”看着挺忙碌，可愣是哪边都没及时点好菜，好不容易上菜了，还上错。万一此时，他还匆匆忙忙不看路，撞到了你的桌角，你会如何？大多数人恐怕会立刻端出“注重服务品质”的一套开始大肆教育人家吧？也不考虑周围有多少双眼睛、店长是不是在边上，“噼里啪啦”说得人家都抬不起头，更严重的，甚至还会把经理叫过来一起训吧？

我的分享是，千万不要和基层过不去，那样，就是和自己过不去。

要求高标准的服务是应该的，但是你也看看那是在什么地方……先别忙着指责我是不是想为这种服务开脱，因为我曾经也会对出去用餐过程中遭遇到不满意的服务加以微词，嘟哝给林先生听，林先生却对在大陆遇到“态度普通”的服务表示理解。

如果你在一家高档餐厅，吃一碗 30 块的面，发现面太咸，一定马上有人出来道歉，立刻重新给你换一碗，还额外加个蛋。

如果你在一家路边小摊，吃一碗 3 块钱的面，发现面太咸，你叫“老板娘，面太咸”，她到位一点呢，给你加点水，霸气一点呢，直接回一句：“哪里咸啊，爱吃不吃。”

林先生的意思就是，你在五星级酒店希望享受“八颗牙”的尊贵服务，是绝对可以理解的。那边的服务员拿着相对不错的薪水，受过专业训练。但是在普通的餐厅，看看店门上贴着的招聘启事就知道，到处都是两千块招一个端盘子的，他们换工作几乎没有成本，这里待不下去了，换一家第二天照常上班，干吗要对你笑？客人是上帝没错，但他们就念完个中专出来打工，自己温饱重要，已经顾不了上帝。

有时，你以为自己的地位比人家高，拿着你的标准去要求了那么一类不是你这个程度的人群，你还要咄咄逼人吗？小心把人家逼成垃圾人……不信，你再尝尝汤的味道，人家也许已经在里面吐一口你永远不想知道的东西……

其实，你站在对方的角度想问题，往往容易理解得多。人啊，不要盛气凌人，不要得理不饶人；要有容人之量，得饶人处且饶人。纵使觉得人家服务不周到，微笑地说："没事，请帮我重新换一盘就好，谢谢！"这样，事情也能解决，且照顾到了人家的面子。难道人家活那么大是真傻吗，他也知道自己错了，你又何必再赤裸裸苛责。倘若人家是真傻，你说了，他也改不了笨手笨脚，这就是为什么他一辈子只能当服务生啊……

给别人颜面，就是给自己体面。再举一件事例——

一次，我和林先生出去喝下午茶，那家咖啡厅是我一个认识的人开的，算是初中时候的学姐，成绩普通，后来被送出国，回来后她爸投资了200万给她开了这家咖啡厅，环境布置得不错，挺有情调。刚开张我就去捧了场，还办了张充值卡。

前两次去，我见到她会打打招呼。她告诉我店里的一些近况，比如她的一个主厨突然辞职，她的服务生真是没脑子……

那天我和林先生各点了一杯饮料，才坐了一会儿，电话就响了，让我们去其他地方，于是我们起身埋单，到了柜台，被告知人均消费须满 50。正在这时，老板娘同学从边上经过，我便随口打趣说了一句："APPLE，我们之前不知道有人均消费噢，还差一点，那我们再买点东西打包走吧……"

正常会做人的老同学应该会立刻说："噢，不用啦，没事的，差一点而已。"然后可能私下去提点服务生，在客人点单前要告知有最低消费的规定，今后不要再犯。这样，既给了我们面子，也留给了服务生尊严。

可她做了让我们极度傻眼的事情——

她突然表情严肃，问我："哪个服务生？"

我和林先生忙说："没事没事，我们再点个面包带走好了。不是什么大事。"

她坚持："你们说吧，哪个服务生？"再手一指几个服务生，问："你们哪个给他们点单的？"

一个男生说："……是我……"

然后，她开始当着所有人的面教育："为什么不提前告诉客人店里规定，客人没有足额的部分从你工资里扣！"

我们劝阻，她转向林先生继续说："你是台湾人，应该这样的理念更深刻，规矩就是规矩，我只是按照规矩处罚他，让他吸取教训。"

我和林先生无语，尴尬不已，挤出微笑告别后，就再也没有去过这家店……

RESPECT PEOPLE'S FEELINGS. EVEN IF IT DOESN'T MEAN ANYTHING TO YOU, IT COULD MEAN EVERYTHING TO THEM. 尊重他人的感受，尽管对你而言不意味着什么，对他们而言却是全部。

予人什么东西最让人难忘？——给他，他所缺的。

对于高地位的人，他缺的可能是难得的人才，或者思想上的认同感。而对于基层，他所渴望的就是平等和尊重及存在感。不需要同情，不需要怜悯。

“高高在上”的你，若是给予“没你那么如意”的人尊重，收获的将会是无限感激，因为很多像你一样的人在他们面前都端着架子，而你没有架子。所以，他们比和你平级的人更会记得你的友好，一旦有机会，还可能涌泉相报。

记得今年正值樱花烂漫的季节，我和某省的前副秘书长一行人约去武汉大学赏樱花，随后顺道到汉正街午餐。几个人点完菜，正聊着，突然，“噗”一声，一个服务生不留神，把茶水洒了，当下紧张地往后缩了一下，随后连连道歉。可我们在座的五个人反应几乎出奇的一致，迸出的第一句话都是：“你没烫到吧？”那位女生愣了一下，也许她以为会遭遇客人苛责吧……出去之后，再回来上菜，非常小心仔细，我们临走，还不忘鞠躬说谢谢。

比如在公司，只有我会在餐厅从打饭的阿姨手中接过午餐时点一下头微笑说：“谢谢，辛苦！”阿姨们先是有受宠若惊之感，也许是太多人认为她们的服务是应该的，后来可想而知，她们一定会把最好吃的菜留给我。

早期坐公司班车的时候，只有我会在下车的时候对师傅说“谢谢！”在我自己开车之后，那位师傅还会主动打电话来问：“哎，TONG，你今天不坐班车吗？要在站头等你吗？”

对公司的保安，我也是进出门必摇下窗打招呼，所以尽管车位紧张，他们一定会想尽办法帮我挪一个空位出来……

其实这些都是我受林先生的“熏陶”潜移默化养成的。这个好习惯体现了一句话：对人客气，即是对自己客气。一视同仁的精髓——不趋炎附势，不嫌弃弱势。对老板总监能够微笑问好，对扫地阿姨也能亲切问候。

释放势利眼，还有一点，就是不要和无谓的人周旋，尤其是和闲人。

俗话说“宁得罪君子，不得罪小人”，闲言也说“永远别和脑残的人争论，因为他会把你的智商拉到跟他一个水平，然后用丰富的经验打败你”。

我有一次过马路，刚要走，正好变成了红灯，于是在边上等，站在交警的后方。交警回过头，打量了我一下，让我再往后退，退到台阶上去。当时我应该二话不说，立刻照办，可也不知道哪根筋搭错，回了句:“后面台阶上应该属于人家银行的门口了吧，我站在这里，又没什么问题。”于是没有理他，继续站在原地。他看看边上的交警协管员，再看看我，坚持让我按照他说的做。僵持了几十秒，红灯变成绿灯，我打算穿马路，硬是被他拉回来，开始教育。越是如此，我认为他平白无故耽误我的时间，越是不听从。

可能有些人会认同我当时的做法：对不讲道理的人不能妥协！甚至上升到“一定要维护自己的权益！”的高度……

但最后，吃亏的是谁？我又维护了什么？

你们可知，为了所谓的“讲道理”，我在那里跟他耗了将近 20 分钟，还被罚了一张“不按交通信号指示通行”的单子，不付钱就不让走。这种 10 块钱的罚款，若投诉，也是再花没有意义的手机费跟无聊的人继续“讲道理”，其实是投诉无门的，人家是交警，非要找出我什么问题总能圆得过去，到最后，反倒是我不仅损失了时间，还成了真“无聊”。

我的一位退休阿姨，之前跟她房屋的建商打官司，最终建商赔了 8 万。

事情是这样的，原本建商违规建房，被几十户居民联合投诉，要求索赔。他们便想一户给 3 万了事，好多居民怕麻烦，也觉得价钱马马虎虎可以接受，便不再坚持。建商也以为为了这点小问题，哪有人会真去告，太花时间和精力。可我阿姨偏不，她有的是时间跟人家磨，从正面、侧面搜集了越来越多的违规建造问题，把状纸还是送到了法院。建商这下蒙了，软硬并施，都不管用，更使猛招，找人上门威胁。阿姨性格刚烈，不吃这套，他们越是如此，她就越不肯拿钱了事。本来嘛，这事到了法院劝当事双方协商的时候，建商私下和阿姨把这事了了，也省得后面那么折腾。可偏偏爱跟这位“闲”阿姨杠上，最后，不仅赔了她钱，还闹得其他居民不肯买账，纷纷来讨钱了……

(插一句：做生意要诚信。)

我朋友的老公是一家公司的总监，是个我不太欣赏的胖老外。有一次，聚餐，所有人都到了，等他，他迟迟未出现。姗姗来迟后，问原因，竟然是在和一个摊贩杀价买碟片，从 10 块钱，花了 20 分钟时间，杀到 5 块钱。到我们面前，还扬扬得意自己的“收获”。在座的都快无语了，堂堂一个总监的 20 分钟应该按万元计算，哪只值 5 块钱？更何况，那么多人在等他聚餐，不懂事，如此失礼于人前。

果不其然，他在岗位上一直没做出什么成绩，一年后被换掉……

随着你越来越重要，你的时间也变得越来越值钱。千万不要花你的宝贵时间用于本来可以用小钱解决的小问题，那样只会把小问题膨胀成大问题，花费你更多的钱，以及时间。

第3章

变身，大才女

一、光羡慕有P用

1. 摆平自己的心态

我们一直说“心有多大，世界就有多大”。这对了一半，其实，“心大，能量也要大”。

我有两个女性朋友，都是小家碧玉型。ELAINE是典型的小女人，知足。事业上没有很大的野心，也没有幻想嫁给有钱人，一份稳定的工作和一个相爱的男人就足够让她每天快乐得像小蜜蜂义无反顾投身在小小的办公室里做PPT和踏实地依偎在男友身边织十字绣做美味小点心……她在过她想要的生活，在自己能力所及的范围内，很充实，很快乐。加上勤奋努力，她把生活经营得越来越好，知足而充满能量。

另一个朋友JANE，在大学里的时候经常和ELAINE形影不离，由于两人是同一星座，一直让旁人误以为是同类型的女孩。尽管她们同样的温柔，同样的体贴他人，但其实有很大不同。如果说 ELAINE 是有多大的能量就有多大的心、有多大的能力就梦想多大的世界的女生，那么 JANE 的梦想世界恐怕超过现实生活有点远了。

说得更加容易理解一点，如果 ELAINE 和 JANE 的现状都是常背一两百元包包的女生，ELAINE 会开心地用这些包包，偶尔为自己买一个 500 元的就已经是对自己极大的犒赏了。而 JANE 就会想，为什么人家能用几千上万的包包，而自己只能用这些平价品；为什么人家能住豪宅开名车，而自己还在担心是否能和男朋友凑得起首付、地铁为什么那么挤；为什么人家能在恒隆眼睛不眨地买下一件外套，而自己却在七浦路杀价淘半天才淘到几件有质感的衣服……不平衡一点一滴在内心滋长，她可能都没有意识到，直到一狠心花掉辛辛苦苦赚的工资买了一个 5000 元的包包，发现心里既惶恐又兴奋，朋友们才感觉出她的心太大了……

心大不是坏事，但是要量力而行。其实 JANE 代表了好大一批女孩们的心态，很希望能够过上高档次的生活。但我们说，经济基础决定上层建筑。有多少能力做多少消费，想要更高的消费，就提高自己的能力。

有句话说："有一种落差是你配不上自己的野心，也辜负了所受的苦难。"扪心自问一下，心大的你，长期以来，是在不停地自怨自艾，还是在坚持为梦想努力？

我曾经把自己的“幸福攻略”分享给JANE，她当时在电话里回应了一句话让我印象深刻：“你说的这些我都明白，但你知道，做任何事都需要本钱，可是我是真的什么都没有。”

有一次在一个聚会上遇到JANE，她向我吐露最近工作中遇到了不顺心的事：她在一家中等规模的公司上班，目前她的部门里总共3个管理者：一个部门经理，两个普通主管，她就是“普通”之一。她的难过在于另一个“普通”比她漂亮，比她嘴甜，比她更受老板重用。所以相比之下，她觉得升职无望，有些泄气。她希望那个女生能够被调去做部门内的另一块业务，因为觉得论能力，自己是强于她的。她部门总共做两块业务，这两块业务互相关联，没有说哪个重要哪个不重要，只是一个偏近核心，另一个是支持核心。目前她俩都在同一块，而另一块暂时是经理自己在兼顾。

我问她：两块业务的工作内容差很多吗？

她：也还好。

我：另一块工作内容你能掌控得了吗？

她：应该没问题。

我：你目前所在的业务块会有个人发展的任何机会吗？

她迟疑了一下，答道：本来我们公司升职就比较慢，更何况要升也肯定是升那个女生，她那么会拍老板马屁。那些职场的生存法则我都知道，我只是不想去做而已，我相信如果我想做也一定能做好。

我：既然这一块业务“不可逾越”的有竞争者，你拼又拼不过，或者用你的话说是不想拼，为什么还期待靠祈祷能够有所突破？何不向老板自告奋勇去负责另一块，在那里你会有独当一面的空间。况且，如果你负责那块，就是该业务的牵头人，之后手下队伍扩大是迟早的事，那么被升为经理指日可待。为什么非要跟人家挤在一块儿？

她：毕竟现在这个更加偏核心一点，而且，我不甘心。

我：我问你，在 3 万元 / ㎡的共 60 平方米的房子和价值 1.8 万元 / ㎡的共 100 平方米的房子中，你会选择住哪个？

她：会住 100 平方米的房子。

我：为什么？你不觉得 3 万元 / ㎡的地段更加核心吗？

她：两者总价值差不多，但 100 平方米的房子空间大，舒服。

我：现在在你面前并不是看不到光的前景，可你却盯着一小块地儿战战兢兢，好像山穷水尽了一般。可事实上，明明能够有更广阔施展的空间，可以为自己开拓更好的机会却放着不去争取。

像 JANE 说的，她了解职场法则只是不屑去做，这就好比学生说“我知道以我的聪明，努力一点一定能考出好成绩，我只是没有努力罢了”。在我看来，都是对自己不够负责任的将不成功归于外因而不从自身找原因改变的借口罢了。

2. 找个偶像超过她

你们都知道，我踏入作家界打酱油，机缘有三，交汇在一起后，才发生了对我来说如此欣喜的改变。

一是 KATHY，一个从上海到台湾出差的女孩儿，《完美逆袭 I》中说到过，是她带我走进诚品书店的，让我认识到一种崭新的书店模式，重新激发了我对阅读的热爱。

二是一位我喜欢的女艺人，也许是因为和她的性格很像，同属“欢乐”派，她便成为我少数“些许痴迷”的女明星之一。当时，她正好出了她的第一本书，虽然那书，恕我直说，没什么深刻的内容，但爱屋及乌，我还是买了30本支持。作为在美国长大的ABC，从小接触的是英文，她能写出一本全中文的书已经是种突破。

三是龙应台。我每天晚上睡觉前有手机刷屏的习惯，劝大家和自己——这不是个好习惯，当时看到微博上网友转了龙应台的一句话“台湾很自由，任何人都可以出书”，这瞬间带动前两个机缘将我大脑边上的小灯泡点亮——为什么我不能自己写一本书呢？

我的个性大家懂——喜欢一个人，不会只是遥遥地望着她，而是希望能够努力给自己创造一片新天地变得和偶像更近一些。虽然我没有偶像的知名度，但是我的语文水平完全可以写出有内容的作品（我高考语文全校第一）。一部好书，于人于己都是造福的事情。不管能不能顺利出版，我都应该去试试。

我几乎不嫉妒别人，一旦欣赏，定能化“羡慕嫉妒恨”为鞭策自己的动力。直白说吧，人若是不能把嫉妒化为动力，基本就会沦为前面说的“三烦”怨妇。所以，嫉妒既可以是毒药，也可以是良方，看你怎么消化。

你们也看到了，我想了要出一本书，立马着手开始写，不是犹犹豫豫只停留在幻想里。等写完，开始投稿，起初只想在的台湾出版而已，一些缘分，没想到大陆的出版社也看上了我的稿子，觉得会有卖点，便签了约。可以说，后期是比较顺利的，半年多时间的审稿、校稿、排版、设计，书终于面世。

把当初的一个大胆的念头变成真正自己写的一本书实实在在地拿在手里，那感觉，我想说，我为自己骄傲。这骄傲来自于“不等待”地去实现理想。

现在很多人追星几近疯狂，尤其是一些韩剧把男主角刻画得符合女人对于完美男人的一切遐想，把女生们迷得神魂颠倒。“欧巴”去哪里，粉丝们也跟着去哪里。每天的生活就是吃饭、睡觉、欧巴。而且为了欧巴，甚至可以不吃饭不睡觉。

我也迷恋过那个最热的韩剧，一周两集，追得我苦啊，每周两集播完，剩下的日子就是漫长的等待，没有更新怎么办，我就把第一集到最新一集从头到尾再看个 N 多遍，因为特别痴迷都教授，在等剧的日子，还把这位“来自星星的男人”的其他电视剧电影都看了一遍，和朋友们聊天的话题，总有一个会是讨论这个剧，说到这个男人，女生们都会花痴地两眼放光。总之，就是和很多人一样，迷得不轻。

我的“追星”定义是分得很清楚的，这类型的追，追的是幻想，可望而不可即。喜欢那个在舞台上接受着众星捧月的他，注定得承认他看不见台下万人群中的你。所以，对于这类追星，我会适可而止。为了摆脱对都敏俊的迷恋，我让人推荐一些其他的剧给我，让自己能够将对都敏俊的热爱分一些给其他男主角，反正韩剧塑造的人物都必定切中女人要害，要找具备完美期待男主角的剧简直轻而易举。试了几部，终于被一部剧的男主角成功转移情感，这男主也有超能力，也帅气，也专一……就这样，再把分散了的情感重新收回给自己，我即完美地将这位欧巴从心里移出，十天前还巴望着去参加他在台北的见面会，十天后就几乎都快想不起他来……

也许你们要问，追星不是挺好吗，心里有爱有期待。确实如此，对一个陌生人的无私爱恋确实可以让心里满满的。但我之所以想方设法摆脱，是因为对我个人而言，像这样的“星星”太耀眼也太遥远，不会带给我改变反而会加深我对现实的认知度和接受度的偏颇，幻想太过完美，心中的期待值就会升好高，再看看现实，落差感会加重，这不利于对周遭的客观认识，不切实际的要求也会加重自己另一半的负担。

我会“追”怎么样的星？——自己努力一下，可以达到的，或是朝着她走，能够让我有动力把自己修炼得更好的，这就不是无谓的追星。“只消费没得赚”的赔本生意我是不会做的。

我写这本书也是如此，当时正写着，看见我喜欢的那位艺人在微博上正好晒她也正在写她的新书，便有了紧迫感，忙缝里挤时间出来写。其实我自己也知道，她出一本书，几张美丽无比的插图配上总共没有多少的文字就可以成就一本，因为她是走幕前路线的。而我，写一本书，费事很多。观点要深刻，语言要舒服。有时对自己的要求，真会让我有种错觉自己是处女座。所以，人家一本书已经上市，我还在慢工出细活……

现在让我欣赏的几位偶像，都是 70 后。也是，这正好是对女性来说成绩绽放的阶段。我会关注她们的日常、言论、处事、风格，然后想，哪些是我可以学的，哪些对我来说是不适合的，甚至哪些是我所不欣赏的。理智、客观。

有时，我也会着急，看着人家已经晒成果了，自己的项目还没进展。可转念想想，这也是她们经历的过程。我和她们相差 8 到 10 岁，难道再过 8 年，我还会达不到？超不过？然后，我就会让自己慢一点，考虑透彻一点。不急、不躁。

如此，找一个偶像，争取超过她。这对自己的修炼是良性的，哪怕超不过，努力了，也能助自己提升，当你一抬头，发现已经离她很近很近……

3. 别光说不练

6 月份的时候遇到毕业季，我爸的几个朋友通过他找到我，希望帮他们的孩子推荐个好的工作。看了看简历，找应届生们本人聊了聊，真的觉得挺失望的。说自己学习能力强，可大学成绩平平，还挂科。无论读书、社团、实习都是沾沾边，没一样真正拿得出手。大学四年游戏打打，找工作时倒是着急了，都想进名企，都想找事少钱多离家近又有发展前途的工作，一天一条短信说自己会努力，希望给个机会。不知道自己要什么，好逸恶劳，“努力”这两个字履行得比别人晚，“成功”这两个字又期待得比别人早。就两个字：浮躁。

不经历风雨怎能见彩虹，人人会唱，可就是不去做。别不相信，光说不练的人多的是，你看看外面有多少补习班。在课堂上免费的课不好好上，成绩落下了，再花几万块去补课。这就叫，花钱给自己的安逸埋单。

成功学一直在毒害年轻人，勤劳致富，是永恒不变的真理。为什么成功的路上不拥挤？因为成功路上：光说不做死一批，逢年过节死一批，天气太热死一批，天气太冷死一批，亲人打击死一批，朋友嘲笑死一批，自己乱搞死一批，不去学习死一批，死不改变死一批，自以为是死一批。

横批：“剩者”为王！

吃别人不能吃的苦，才能享受别人不能享受的一切！

不成功，有一万个借口；成功，只需要一个理由，那就是——我一定要成功！

我本人不太爱理“光说不练”的人，梦想比手脚走得快，梦想都到天上了，手脚却还没有动一下。

曾经有个合伙人，创意无限，可执行力几乎为零，空有满腔梦想，粉饰得好像有很多项目在进行中，却没什么实质的东西，有那么几个靠点谱的项目，却几乎没有一个实实在在地做完过。我们当时幸好只尝试合作了一个小项目，也是因为还不太熟。发现我们俩无法合拍后，我当机立断，终止合作。越是为了维护彼此的理想，越是要悬崖勒马，不然，后患无穷。

敢想，你也要敢做。有时候，不逼自己一下，真的没脸说尽力了。

拿我写书这事儿来说，第一本因为是自传体，从头贯到尾，单一发展脉络，每个阶段的贴士也顺理成章带出，可谓一气呵成，初稿两个多月就写完了，后来大部分的时间是和出版社沟通、修改及讨论排版设计。

第二本书就不一样了，我希望能分享生活中的一些领悟，而又得想办法将这些领悟以更加浅显易懂、可读性强的语言表达出来。从我讲话的速度可以了解，我的大脑是多么高速地在运行，因为往往讲话快的脑袋也不会慢。所以，每次脑海中想了很多，可要落到笔尖反倒更成了一个大工程，有时恨不得有种机器，能够瞬间将脑袋里想讲的话用最流畅的方式转变成文字。由于运转太快，大脑里想到的观点或者案例，若不马上记下，绝对转身就忘了。所以，我要求自己，无论当下在做什么事，一有灵感就立刻在手机里记下关键词，等写作的时候，再把那几个词整成一个观点。

第二本书让我感叹，写作真的不容易。平时要忙的事情太多，等空下来，只会想要彻底放松在沙发里，窝着上会儿网看会儿轻松的节目，和老公出去散步、看看电影，和朋友约出去喝喝下午茶……总之，期望做的都是些不需要动脑筋的事。想想全世界都在过周末，而你要专注加班的感受吧，面对吃喝玩乐的邀请，只能吞吞口水婉拒，继续埋头做事……差不多就能够理解我。有的时候，删了写，写了删，写来写去还是 6 万字，真的有种快绝望的感觉。

有时童妈会问："还没写完啊？有那么难吗？"我就回："当然难，如果不难，那所有人都当作家了。"转念一想，对她说的这话，不应该对自己说吗？一直等着有空再写，忙完再写，先玩一会儿再写，今天就出去 HAPPY 明天再写……那只会越来越难写。一篇文章尚且要讲究脉络通顺，更何况一本 10 万字的书，从整体布局到细节描述，都得顾到。要是容易，那还稀罕你童小言做什么，简单的事谁都会做，将难的事做好才是本事。

不知你们有没有类似的感觉，假设你其实什么都没做，却得到了表扬，会不会特别不好意思？我就是如此，若是让我硬拼出接下去的几万字，交给出版社，我想都不敢想能出版出来，那样的"完成"太不靠谱，哪怕成功，都太难以置信，连自己都说服不了。

写书，尤其得完全沉下心。就这样，我在那之后，坚持每天晚上及每周末到一家咖啡厅，固定的座位，专心地慢慢敲书，直到写完。

因为那个环境、那个位置、那里的温度湿度芳香度正好是能够让我安心写东西的 FEEL。当然，我也点了不少东西，一坐就是五六个小时，我得识相。不过，吃也是很多人缓解压力的一种途径，所以，别看很多胖子，以为是好吃懒做，其实没准人家是压力过大，逼成那样的。

人最容易看到的是别人的成功，可见的“得到”，觉得他们好幸运，心里是羡慕嫉妒恨啊，想自己什么时候也能有成功的一天？而忽略不可见的“付出”，忘了他们成功的背后是理想的坚持和自身的努力，而自己就像是在做一个个美好的白日梦，梦醒了也就回到了现实，什么都没有改变。

一个朋友说：别被“心有多大舞台就有多大”的美丽童话给骗了，天下之大，谁的心又不大呢？很不爱跟那些站着、坐着或躺着说话的人说话……我们从来都是边走边说的。

人不可能与世隔绝，身边总有一些条件比较好的人，如果把这些对象当成是努力的目标，不管她们的经济是来自于父母还是自己谋求的，都摆正心态，给自己规划好方向和实施步骤，让自己往那个方向坚持，边执行边充实计划，也边修正目标和期限，那么，相信自己，一定能过上那样的生活。但如果只是把这些对象当成使自己丧气的压力，那么除了唤发自卑、泄气和心理不平衡外，没有多大益处。这就是管理学中常说的 PDCA 循环规则（PLAN 制订目标计划，DO 实行，CHECK 对过程中的关键点和最终结果检查，ACTION 纠正偏差及确定新目标制订下一轮计划)。人生本身就是众多战术组成的行为，成功不可能一蹴而就。TRY！TRY！TRY！试得比别人多，实现的概率自然更高。

做不做得到是能力问题，而做没做是态度问题。做了不一定成功，但不做一定不会成功。

“羡慕别人的收入，却不知他人的艰辛。羡慕她说走就走的自由，却不知道她为这份自由付出的代价。羡慕别人不用上班有人养，却不知她过得多煎熬。一切都有代价，无论是财富、事业、爱情，还是自由。不必羡慕，生活不在别处，而在于你想要什么，你付出了多少就会收获多少。勤能补拙，天道酬勤。”

二、竞争力，成为让人嫉妒的女人

别说你够漂亮！再鲜艳的花几天没浇水都能蔫了。

想要做战术部署，就先得了解自己的竞争力在哪里。与其嫉妒别人，不如培养实实在在的竞争力，让别人嫉妒去吧。

1. 最有利的竞争力就是差异化

我不禁想问认为自己一无所有的朋友们："你真的一无所有吗？"

《田忌赛马》的故事小学就学过，假设你的竞争力在A、B、C三个方面，为什么非要用A去比拼对手的A+，用B去比拼对手的B+，用C去比拼对手的C+？作为并非出类拔萃的平庸生，何不转个弯儿，用C去应付A+，像练太极一样避过，败也就败一回。但随后发挥自己的强项，用A战对方的B+，用B战对方的C+，那么总体也是赢的。关键是要了解自己的竞争力在哪里，懂得调整心态、调整战术，忌故步自封，因小失大。

当初毕业找工作的时候，在两家世界500强的企业中犹豫，一家是每个女人都想进的法国快消品公司，做的是培训助理，另一家是每个男人都想进的德国军工企业，做的是销售助理。两家都是各自行业里顶尖的。若是想要一辈子在企业里工作，那快消公司应该是个不错的选择，适合女性，结识的都是"与美有关"的人，获得的是化妆品行业的经历经验。选择这家，就是选择了这个领域，今后跳槽也可以不跳出这块，比外行人空降到这个圈子，要更熟悉得多。所以，对于女生来说，是个具有吸引力的行业。但若是想今后自己出去创业，那比起行业优势，我更想在短时间内了解的是企业运营、架构，想获得的是升职、管理经验。

首先这两家都是大公司，学习到良好的职业素养肯定不是问题，几乎都会受到一些专业的培训。身边都是优秀的人才，人际交流的磨炼也都差不多。差别的是，把我放入快消公司，那就相当于往花丛中丢进一朵兰花，不够鲜艳，同事中，和我同质的女生太多了，机会就这么些，要想在如此竞争中厮杀出升职路，而且还得表面如湖水般融洽，难啊！但是，在另一家，制造业，阳盛阴衰，一个8分优秀的女孩子立刻能显出10分的光芒。男同事们大多不会与小女生来计较得失，且愿意彰显男人气度而在工作上悉心指导。加上我敏捷的思维、胆大心细的作风和高效的执行力，没多久就让我得到了高层领导的瞩目，并“两年晋升百强主管”。

差异化，找一个能把自己优势放大的地方，尽情施展。

若你问我：“你选择当大池里的小鱼还是当小池里的大鱼？”

我会回答你：“我会先到小池里当大鱼，在小池里游出名堂，混成SOMEBODY，再去大池里。那时候，我哪怕是小鱼，也不会小到哪里去了。”

这就是差异化本事，我有一方面的优势，就把自己丢进在这方面弱势的群体池子里洗一洗，在小池里风生水起后，我再到大池里营销自己获得过的成就地位，大池也必定非一般对待你。

下面几句我当笑话讲讲，你们也就当笑话听听，有没有道理，自己判断。

比如你的长相，在模特界里不起眼，受尽一切步步惊心都无法上位。但同样你这长相，在快递界，就是快递界的吴彦祖，那没送几次快递，你的帅气一定会显得格外耀眼，一旦几张照片被花痴女人 PO 上网络，没准还能震惊模特界……

那些什么豆花西施、鸡排妹，不就差不多这个路线吗？起作用的，就是差异化优势嘛！

若你有一副好嗓子，唱歌像极了张学友，去音乐界未必能被发现你这颗遗珠。但在企业，年会上一开嗓，震惊全场，CEO 都往台上看，听你唱完，向边上的总监问起，这是哪个部门的，你们总监骄傲地回应："我们部门的。"于是，你就被记住了……聪明的总监再补上一句："我们部门人才济济，多才多艺，而且工作能力都不错，上次那个 XX 项目就做得非常棒。台上那位同事也参与了里面 XX 环节，有这样的团队，我很骄傲。"一看仿佛是你被点亮了，其实真正点亮的是你的总监——管理有方、人才会聚，还把成功的项目又趁机在老板面前提了一遍……事实上，你有没有在那个时刻被点亮不重要，重要的是你让你的主管骄傲了，你主管记得你的好就行了。

现在好多人都在往北上广挤，大城市确实有大城市的好，制度已相对成熟，该暴露的问题早被精英们扒出越改越完善了。所以，相比起天高皇帝远的小城镇，大城市确实透明化、标准化很多。很多机会吸引着这些没有人脉没有背景的有志青年来到一线城市奋斗，虽然，竞争真的很惨烈。

比起一二线城市的年轻人，这些“漂”族的差异化在于，更能吃苦，更珍惜机会。确实有实力的，再几倍的努力花下去，终于也能熬出头。

但并非所有来闯荡的青年都有实力，有那么几分实力的却又不够努力，那基本在大城市的企业里也显不出什么差异化来。往哪里找差异化？基层！本地人不愿做的事情，他们做。这一部分人，抱着来淘金的心，怀揣梦想，希望某一天衣锦还乡，可最终迷失在大城市的高楼大厦里，做着最辛苦的工作，拿着最低廉的薪水，望着最遥远的天空，没有一颗星星……

其实，现在很多人聪明了，不跟北上广的家伙们去竞争了，太辛苦，而且还背井离乡。他们的实力，在家乡当地足以进一家好的公司，尤其是现在越来越多的资源在往三四线城市移，越来越多的大企业注重内陆地区的市场开发而在那儿开起了分厂、分公司。所以，没过几年，去“漂”的同学们没存到多少钱回来，每个月交完房租所剩无几，在小城镇的同学们倒是在这里已经买了车子、供起小楼。

所以，不要一窝蜂地去做什么事，就像股市，高点进去的时候已经晚了。要找到自己的差异优势，再规划好自己的前进路线，一个阶段，拥有更新的差异化优势，再微调、拨正自己的前进路线，最后，你将拥有无论哪里都吃得开的“格外优势”，那时，你还怕自己会没有竞争力吗？

我对自己的清醒认识：既不最聪明，也没有很漂亮。所以，我不跟美女比姿色，也不跟才女拼智商。

我的差异化优势在于：我是漂亮的女生里有智商的，又是聪明的女生里有姿色的。我知道怎么经营自己，培养竞争力，足够了。

2. 利用自己的优势，切忌为其所累

培养竞争力，先试着发掘自身优缺点，扬长避短。你愿不愿意列三条自己性格中的弱点和三条性格中的优点？尝试一下，写在纸上，看看自己能不能发现。然后呢再想想看对于那些弱点，有带给你什么负面影响吗？如果有，你觉得严重吗？你有意愿想改吗？如果想改的话，你觉得可以怎么做。

大家应该都住过酒店吧，一般酒店的浴室都会有一面放大镜。我刚开始的时候不喜欢用，它把我皮肤的毛孔、斑点放大得清清楚楚，一看那张不那么精细的面孔，我就心里堵得慌。有一次自己化妆，大镜子里看不清是否还有什么细微处没有把粉底抹均匀，于是就把放大镜拉过来，一照，哪里还需补足，显示得清清楚楚。缺点就是如此，只有淡然地看待它们，才能心平气和地改善。

我妈说过一句名言：你如果知道自己骄傲了，就不会骄傲了。

没错，就是这个理儿，很多人发现不了自己的缺点，不是因为缺点有多难改，而是当你出现那些缺点的时候自己却没有意识到。

台湾有个艺人，宅男女神，人很漂亮，身材也非常好。可是她讲话总会不经意地泛出像“吃到 SHI”的表情，她自己一直浑然不知。直

到上了一个有名的谈话节目之后，被网友们大番讨论，她才半信半疑地找出该节目的视频看自己说话时的面部表情，真的是把自己姣好的面容扭成奇怪的模样，让她错愕地意识到了自己的小缺点。之后，她时刻注意，慢慢地也就改掉了这个坏毛病。

鸡蛋，从外打破是食物，从内打破是生命。人生亦是，从外打破是压力，从内打破是成长。如果你等待别人从外打破你，那么你注定成为别人的食物；如果能让自己从内打破，那么你会发现自己的成长相当于一种重生！心态上的缺点，要从根出发去剖析去改变。而习惯上的缺点，其实只要自己平时多注意，还是相对容易丢弃的。研究表明，一件事重复21天就会变成习惯，重复90天就会养成稳定的习惯。所以，要摒弃坏习惯，可以坚持一个月去培养一个好习惯代替它。几十天而已，并没有那么难。

缺点意识不意识得到是一个问题，能不能改善是另一个问题。将“拖后腿”的因素变得不拖后腿当然重要，但那些“加分”的因素，你是否发挥了它们真正的功效呢——你自己的优势，你有好好对待它们吗？

我有个学姐，叫DELLA，五官立体，非常漂亮，家里条件也不错，拥有一份众多人梦寐以求的工作。她的优势很多，最起码漂亮。因为漂亮，她很容易在单位受到男生瞩目；因为漂亮，她相对容易获得支持获得机会。社会对美女的宽容度是很高的，可是她并没有好好善待这份优势，优势成了累赘便是劣势了。混乱的私生活很快让她在部门里有了不好的名声，最终逼到换部门才平息。既可笑又无奈的是，她的感情路十分坎坷——对真心的爱情，她骚动不安，觉得自己那么漂亮如果和这样的男朋友走下去太不甘心了，变心速度快得像夏天的风。对虚伪的爱情，她又苦苦地如飞蛾扑火般，越桀骜不驯的男生越能勾起她的挑战欲……论能力、聪明，她都是不差的，可是，带给她毁灭打击的恰恰是她最大的优势——美貌。是不是很讽刺?

还有个老同学，名字非常好听，叫 VIOLET，本人也像紫罗兰一般俏丽。从她小时候起，她妈妈就一直以有这样一个漂亮的女儿而自豪，见谁就向谁灌输：像 VIOLET 那么漂亮的女生必定要有非凡的未来，包括 VIOLET 自己，对这观点也是深信不疑。VIOLET 初中就恋爱了，尽管有固定的男友，可仗着漂亮的外表，她还是吊着众多追慕者纠葛不断。美女就容易陷入这样的“困境”，看上去仿佛是她掌控着自己和男生们的感情，实则是“什么都想要”“什么都舍不得放”的感情掌控着她。所以高中以后，她的成绩就像女人的容颜，时间越久越掉价，最终名落孙山，复读一年。第二年，她终于如愿不必进大专，考上了一所二本大学。一旦选择复读，就意味着和原先的那群同学有了一年的“差距”，曾经的同学毕业时她才读大三，曾经的同学工作一年后她才毕业，大家在聊工作相关的话题她只能在边上听着，她讲学校里的生活又勾不回大家刚进职场品尝新鲜的兴趣……有差距的不仅是那些老同学，还有她那谈了 8 年的初中男友。美女从来就不缺人追，尤其是在大学，所以，当她男友被家人送出国，两周后她就与之分手，与同校的一名男生在一起了——要知道，美女受惯了公主般的呵护，如何能忍受得了“深闺”寂寥。可等她毕业，新男友去了日本留学，感情又进入迷茫。她目前在一家小企业当人力专员，和她原本设定的“非凡未来”有很大的差距，感情生活似有若无，一方面她老妈希望她早点嫁人，另一方面又希望她嫁给有钱人。所以，观望着、观望着，就“剩”下了。

这是她的基本情况，按理来说，残酷而现实的社会里，漂亮女生的机会比普通女生的机会更多，可她也如DELLA，并没有好好对待自己的美貌优势。习惯被优待，不习惯沉下心努力，本来可以让自己更好的，却被自己耽误下来。

我和VIOLET是在微博上重新找回联系的，了解了她的现状，回忆当初的友谊，正好我有个机会，决定让她试试。于是，我请她出来喝茶，解释了一番后，我做了短暂的交接指导，就放心飞回了台湾，心想她应该会珍惜机会在大陆踏实努力，而且以己度人，如果换成我自己应该会争取、珍惜和尝试各种机会，所以在台湾的日子，我也很放心，不过问，怕对她造成心理负担。谁知我回来，她竟什么都没做，瞬间让我失望不已。她甚至告诉我之前送她的脸部保养品她勉强用来涂了一下腿。怎么？我的东西难道配不上你吗？有些人注定小姐的心丫鬟的命。打那之后，我就没有再与她联络过。

再后来我从其他同学那里听说她嫁人了，好像是未婚先孕，老公应该是和她当初的理想相差很远很远……生活已经走上了不可逆回的

“小市民”路线……机会不是你要不起，而是你不要。

忘了在哪里看到过一个故事，说是一个中国人到国外的朋友家做客，看到他们的小孩非常可爱，于是对着那女孩儿夸赞：“哇，你真漂亮！”之后她朋友私下对她说：“以后不要夸她们漂亮，因为长相是天生的，漂亮并不是因为她们的努力而得来的成果，所以没有必要以此为荣。”

DELLA 和 VIOLET，无疑都是美女，“美”是优势，可终成明日黄花，主要是因为——太把优势当回事。EVERY COIN HAS TWO SIDES（凡事有利弊），优势不正确对待，反倒成了劣势，迷惑自己忘了其他修炼。

就跟现在很多台北的、上海的女生，有着一份简单的工作，马马虎虎的薪水，每天做的事情是美容按摩和购物，把自己保养得美美的，丰盈衣柜，却不丰盈大脑，基本不去进修，哪怕上课也是上上甜品课……最大的梦想是嫁个有钱人，然后幻想男人对她说：“辞职吧，好好做你的少奶奶，我养你。”

对此，有个很有名的案例：

一个年轻漂亮的美国女孩在美国一家大型网上论坛金融版上发表了这样一个问题帖：我怎样才能嫁给有钱人？

我下面要说的都是心里话。本人25岁，非常漂亮，是那种让人惊艳的漂亮，谈吐文雅，有品位，想嫁给年薪50万美元的人。你也许会说我贪心，但在纽约年薪100万才算是中产，本人的要求其实不高。

这个版上有没有年薪超过50万的人？你们都结婚了吗？我想请教各位一个问题——怎样才能嫁给你们这样的有钱人？我约会过的人中，最有钱的年薪25万，这似乎是我的上限。要住进纽约中央公园以西的高尚住宅区，年薪25万远远不够。我是来诚心诚意请教的。有几个具体的问题：

一、有钱的单身汉一般都在哪里消磨时光？（请列出酒吧、饭店、健身房的名字和详细地址。）

二、我应该把目标定在哪个年龄段？

三、为什么有些富豪的妻子看起来相貌平平？我见过有些女孩，长相如同白开水，毫无吸引人的地方，但她们却能嫁入豪门。而单身酒吧里那些迷死人的美女却运气不佳。

四、你们怎么决定谁能做妻子，谁只能做女朋友？（我现在的目标是结婚。）

——波尔斯女士

下面是一个华尔街金融家的回帖：

亲爱的波尔斯：

我怀着极大的兴趣看完了贵帖，相信不少女士也有跟你类似的疑问。让我以一个投资专家的身份，对你的处境做一分析。我年薪超过50万，符合你的择偶标准，所以请相信我并不是在浪费大家的时间。

从生意人的角度来看，跟你结婚是个糟糕的经营决策，道理再明白不过，请听我解释。抛开细枝末节，你所说的其实是一笔简单的“财”“貌”交易：甲方提供迷人的外表，乙方出钱，公平交易，童叟无欺。但是，这里有个致命的问题，你的美貌会消逝，但我的钱却不会无缘无故减少。事实上，我的收入很可能会逐年递增，而你不可能一年比一年漂亮。

因此，从经济学的角度讲，我是增值资产，你是贬值资产，不但贬值，而且是加速贬值！你现在25岁，在未来的五年里，你仍可以保持窈窕的身段、俏丽的容貌，虽然每年略有退步。但美貌消逝的速度会越来越快，如果它是你仅有的资产，十年以后你的价值堪忧。

用华尔街术语说，每笔交易都有一个仓位，跟你交往属于“交易仓位”，一旦价值下跌就要立即抛售，而不宜长期持有——也就是你想要的婚姻。听起来很残忍，但对一件会加速贬值的物资，明智的选择是租赁，而不是购入。年薪能超过50万的人，当然都不是傻瓜，因此我们只会跟你交往，但不会跟你结婚。所以我劝你不要苦苦寻找嫁给有钱人的秘方。顺便说一句，你倒可以想办法把自己变成年薪50万的人，这比碰到一个有钱的傻瓜的胜算要大。

希望我的回帖能对你有帮助。如果你对“租赁”感兴趣，请跟我联系。

——罗波·坎贝尔（J.P. 摩根银行多种产业投资顾问）

所以，千万别太把优势当回事，不然它会成为你修炼路上的负累。

你若是觉得自己漂亮，就去中专、高职转一圈，那里漂亮的女人多了去了。所以，单纯的漂亮并不是绝对的资产，同类竞争者太多，你需要具备其他的附加价值，比如说——学识、能力。

你若是名校学生，那你的漂亮就会显得格外醒目。人家会这么夸赞：“哇，她真是才貌双全！”“简直就是高智商的大美女啊！”而前者更多地会被形容成“绣花枕头一包草”“只懂打扮没有学识的平庸女”。

我挺喜欢的一位女演员，最有名的“娘娘”，她不仅演技专业，还才华横溢，书法绘画唱歌跳舞，样样拿得出手。有品位、有爱心、有童心，关键还长得好看。这样的女人，在成为辣妈以后，自然是把两个孩子都教育得极好。如今已经不只是男人们的时代了，女人也要修身、齐家、“闯”天下……没两把刷子，都不好意思砌墙。

你看看现在的女明星，瞅瞅周边的女朋友，现在的美女越来越聪明了，知道怎么经营自己，不甘于只当花瓶。再看看镜子，就别做白日梦了，赶紧看书去！努力去！修炼去！

三、SWOT 分析坚定高学历才女梦

一旦遇到难以抉择的问题时，我习惯做 SWOT，并不一定能得到确切的答案，却能够通过做分析在脑中将情势梳理一遍而让自己更加清晰。在第一本书中，我的“SWOT 分析选老公”让很多人印象深刻，大家也希望学习这种分析法。其实，EMBA、MBA 等主流商管教育均将 SWOT 分析法作为一种常用的战略规划工具包含在内。

S（STRENGTHS 优势）、W（WEAKNESSES 劣势）是内部因素，O（OPPORTUNITIES 机会）、T（THREATS 威胁）是外部因素。按照企业竞争战略的完整概念，战略应是一个企业“能够做的”（即优势和劣势）和“可能做的”（即环境的机会和威胁）之间的有机组合。

当初辞职去进修，我也是靠 SWOT 分析做的决定。那借这个话题，我就来实际放一张我的 SWOT。先说明，我这里的分析是已经把 SWOT 广义化了。

选择继续留在上海企业上班——

S（STRENGTH 优势）：

处在世界500强顶尖企业的总部核心部门且担任重要职务；

我已经被列入企业的TALENT（人才）发展计划，晋升路线明确；

有十分愿意栽培我的直接上司、企业高管；

薪资福利不错、培训机会多；

有相处融洽且关系甚笃的同事，办公氛围不错。

W（WEAKNESS劣势）：

上班朝九晚五，制约较多，无法兼顾多身份的我的其他安排；

在上海上班无法和主场在台湾的先生多时间相处；

上班的挑战性不大，会让我的心态越来越安逸，渐渐磨灭奋斗的冲劲。

O（OPPORTUNITY机会）：

上海的发展机会和空间较台湾更多更广；

在企业中步步高升。

T（THREATS威胁）：

公司里和我同级别的大多数是硕士学历，而发展到一定程度，硕士学历是高升的指标之一；

林先生要有意见了（哈哈~）。

选择回台湾念MBA——

S（STRENGTH优势）：

进修MBA获得有用知识、拥有名校硕士学位；

拓展人脉，获得事业灵感和更多合作机会；

借着进修的机会到世界其他名校参访、开阔视野；

能在台湾长时间和林先生相处增进夫妻感情；

有充足且弹性时间专注创业、写作。

W（WEAKNESS劣势）：

少了企业的收入，多了进修的支出；

有些工作上的资源都会因我的离开而失去。

O（OPPORTUNITY机会）：

毕业后开启崭新的事业。

T（THREATS威胁）：

台湾的经济形势越来越不如上海。

IF YOU DON'T BUILD YOUR DREAM, SOMEONE ELSE WILL HIRE YOU TO BUILD THEIRS.（你若不建设自己的梦想，那么其他人会雇你去建设他们的。）

是时候突破自己了。上班对我而言太安逸，福利各方面都很好，照顾得太周到，我不需要像创业那样去烦恼客户在哪里，靠什么赚钱，要是亏本失败我还能扭转乾坤抑或重新再来吗。在企业，就像是不断给我喂一块甜甜的蛋糕，舔着舔着，就习惯了那个甜分，配杯顶级的红茶，悠闲地忘记奋斗。有一天，猛一转身，看到镜中的自己，哇，哪来的胖子……

现在我还没到30岁，若是打算33岁生孩子，那么我希望在此之前将自己的方方面面修炼到极致。也想趁这几年的时间去去自己想去的地方，做做自己想做的事。早点尝试突破，那么哪怕跌倒还有很多时间和机会一次又一次爬起来。若能把属于自己的事业在这几年打好基础，那之后孕育新生命也更安心、无后顾之忧。而且说实在的，拿ELLIOTT的话讲：“以你的本事，哪里都是机会。若毕业后想再回到企业，那也够你挑的。”

再放一张我在申请MBA时为自己做的SWOT分析图（放在书审材料里的）：

S（STRENGTH优势）：

强烈的企图心、责任心强，竭尽所能地完成任务；

较强的思考力、执行力、团队合作力；

擅长组织管理、目标管理、谈判、协商；

学习能力强，乐于接受新知及各方的良好建议；

具永不放弃之性格，努力不懈，越挫越勇；

领悟力高，一点就通；

有大局观，但同时注意细节；

胆大心细，热爱挑战；

有同理心，善于换位思考；

语言能力强，英文好；

多才多艺。

W（WEAKNESS劣势）：

高度竞争职场，目前本科学历稍显不足。

创业经验不足。

O（OPPORTUNITY机会）：

身为管理营运者，熟悉管理及财务的实务面操作；

专业知识，专业领域经验丰富；

拓展人脉，会有意想不到的合作灵感和机会；

更多积累有利打造自己的企业和品牌。

T（THREATS 威胁）：

后起之秀的竞争趋于激烈。（我得抓紧修炼，别被后浪拍死在沙滩上，站都站不起来……）

现在早就没有龟兔赛跑这件事了，兔子都是和兔子跑的。如果每只兔子都拼命跑，那本来就没乌龟什么事！如今这个时代，不再是 B 级女人和 A 级女人的竞争，而是 A 级女人和 A 级女人的竞争。各方面都要是 A，外貌、气质、修养、学识、能力、事业、家庭、朋友、成就……哪样都不能落下。我若希望自己成为一个 A 级的女人，就得全方面优秀。“名校硕士”一直是我的小情怀，无论是为了优秀还是为了情怀，我都想把它实现。

D、C、B 级的人若总是和自己同级别的人竞争，说明站得不够高，永远逃不开那个级别的圈子。所以，D 级的奋斗对象是 C 级，C 级的奋斗对象是 B 级，B 级的奋斗对象是 A 级，才能有实质性的进步和提高。但也不必越级竞争，除非你是哈利·波特或者郭靖，奇才，不然梅子望久了非但止不了渴，还可能渴到崩塌、一蹶不振，彻底放弃奋斗。

做这个决定是很艰难的，因为对于在企业上班的我，当时的状态和下一步的发展应该已经是很多同龄人的梦想了。加上FRED的器重，叫我有些开不了口。所以，我提前三个月告诉FRED我的打算，并且竭力帮他物色接替人选，像一个要出远门的管家，临行前打点好家里的一切……在FAREWELL PARTY上，所有人还是哭成了泪人……

太早过舒服的日子，不是我对自己人生的设想。趁还年轻，得勇敢去闯，头破血流又如何，正像林先生说的——人生嘛，不是得到，就是学到，都是财富。而且，我也不想以牺牲家庭的时间来换取事业，而是应该平衡两者，鱼和熊掌，兼得。

四、适时聪明

有句话大家一定听过——扮猪吃老虎。

我是真“二”，不是为了吃老虎。基本上我的智商也不足以让我分分秒秒保持聪明，我也不认为时时刻刻绷着神经伤着脑细胞有必要。一直拉紧的弦射不出有力的箭。张弛有度，对什么事都该这样。

什么都精明，在我以为，实在是个笨行为。一来让自己大脑受累，

每次在机场，都是这么分秒必争，感觉挺好~

爱生活 爱自然

客观 真实 不做作 不矫情 方为妙哉

漓江泛舟

身后是真正的太平洋，是不是感觉像在画中？

这张照片有粉丝说像美人鱼～可见有
个会拍照的老公真的太重要了

一直特别喜欢这张图，因为动作、表情、
着装都特别能体现出我和老弟不同的风格

最佳伴侣的状态应该是两个字：契合

二来让外界对你提防，三来也招不到什么好感。

现在女强人越来越多，仿佛习惯了对任何人、任何场合都施同一种“力道”，她可能自己认为这是精明能干的表现，殊不知却让身边的人压力很大。

比如 JEAN，真正大龄剩女，快 40 了还没结婚。企业法律部高级经理，自我感觉良好，但在公司上下几千号人里却找不到几个喜欢她的。她就是属于分分钟太把自己当回事的人，什么都想管，对什么人都看不顺眼。伶牙俐齿的刻薄劲不在堂上秀，日常工作中却把同事们得罪得不轻。“显山露水”的机会她永不放过，认为下属们都只能做些案头工作，真正的场面无法像她那般把控得住。比如每期给企业新员工做法律基础知识培训，她肯定亲自上马，不管那个场合需不需要这个级别的人去讲，而每次培训，她讲的内容都一模一样，PPT 做得混乱不说，还 5 年基本不曾改过。培训中 30% 的时间用于展示她个人旅行的照片，30% 用于自我标榜，剩下 30% 用于和回答她提问的人抬杠。在工作上的争执，她都会铆足要跟人拼到底的死命劲，坚定程度不输领土保卫战。这不，听说她要跳槽了，同事们开庆功宴的冲动都有。没想到几个月以后，她在新公司混不下去，竟然还嚷嚷着要回老东家，大家赶紧倒抽一口冷气，祈祷她可千万别再回来。

好听点说这种属于太“聪明”，时刻处于备战状态，主打向所有人证明她的智商，明显藐视群雄。直白点说，就是属于太不消停，凡事要跟人争出高下，到头来，情场凄厉，职场失意，智商被情商拉到谷底。

像这样“太聪明”的人绝对不在少数，身边接触过“聪明过头”的就有好几个。这类人的基本装配是“善妒爱比”“自视甚高”“工于心计”，看下来少有好人缘的。人生就是一个不断认知到过去的自己是个傻B的过程。我不知道JEAN十年以后再回头看看现在的自己是什么感觉，也许会觉得自己很可笑吧。

谁的青春不稚嫩，曾经的我也是，内心不服输，什么事都想当最好，各方面都希望比别人优秀。其实工作几年后，我才渐渐看穿了方方面面都要争第一的“幼稚”，反而学会有些事装“笨拙”。有时示弱才是大智慧。

在职场上风风火火，见到家人朋友要能立刻融化成水。有时不是你老公把你当妈了，而是你让他把你当成妈了。其实全世界的男人都像是受过一个秘密组织的培训，不会带小孩、不会做家务、不会为家庭旅行做攻略……但是每逢世界杯，男人却可以早早回家看球，通宵看球或是大清早爬起来看球，说明什么？说明男人也可以半夜起来给宝宝喂奶，大清早是可以起床给你买早餐的，也可以早回家陪狗狗玩会儿球的……男人有潜力做很多事，只是他们有充足的借口不去做，这个借口就是——你能够做得更好。

你的能干成就了他的懒惰，可骨子里，他却并不喜欢身边多一个妈。娇妻娇妻，就是要娇嘛……

我打电话给林先生说：“今天下午3点之前一定要把那件事处理完。”不恰当吧？他是我老公，不是我下属，命令式的口吻不让他反弹才怪。

换种态度："亲爱的老公，下午 3 点之前可以把那件事处理完吗？如果不处理掉，恐怕会影响我们另一个项目噢……"他铁定屁颠屁颠去做完。

其实林先生不是特例。男人嘛，自尊心就像石头般坚硬。你要是跟他硬碰硬，估计两败俱伤收场。你若像水，那早晚水滴石穿，收入囊中。

我对林 SIR 的"指挥"基本用句有这些：

"老公，可以帮我……吗？你真是太好了！"

"如果我的老公能帮我……的话，我真是觉得幸！福！啊！"

"老公，你一定能处理好的，大胆去做吧！"

"这件事，我做也 OK 啦，不过要是老公去做的话，我相信会有不同的效果。试试看？"

"如果我亲爱的老公在为了那么小的事生我的气的话，那我真要伤心了……"

哈哈，假如我想让他帮我倒杯水，我的惯用语是："我知道，我亲爱的老公现在正打算给他老婆倒杯水……"

"人妻吃货阳光明媚"组里大家评价我："童，你比较高明，凡事让他处理。我们三个都是劳碌命！我们做什么事情都喜欢亲力亲为，唉！所以，好男人都是老婆培养出来的！"

我当下哈哈两声，开玩笑说："好男人都是前女友们培养出来的。"接着认真地回应："男人是不会服调教的，你得善于诱导。不要时时刻刻都表现得太能干，让他无用武之地。以柔克刚，既给了他展现机会，也让自己轻轻松松。”

曾经一个讲座上，有位读者向我提问：怎么斗绿茶婊？

我说：“当绿茶，不要婊。”

女汉子会对男生朋友这样说：“老周，你太单纯，DELLA就是个婊子。”

男生朋友可能心里会想：“哎哟，你不会嫉妒她吧，她那么可爱，那么善良，你不要这样背后说一个弱女子啦……大度点，走，一起去看球赛。”

绿茶则会对男生朋友说：“周哥，不知道该不该说……我听到……算了，不说了……可……周哥，我觉得挑朋友还是要谨慎点……DELLA的风评好像不太好……”

男生朋友心里就想了：“连你都这么说，应该是出于关心我，估计真有这可能性。”

女人啊，你想想你平时面对萌宠的怜爱程度，毫无招架能力，就可以想象男人对于弱女子的怜爱程度，分分钟被秒杀。

聪明的女人，外柔内刚。外表像男人内心也像男人，那是该变性了；外表像男人内心像女人，那太悲催——人人当你是贾宝玉谁知心里住个林黛玉，默默哭死；外表像女人内心像女人，那好像有点脆弱，怕是依赖性太重，无法独当一面；外表像女人内心像男人，那才叫智慧，搞得定别人也搞得定自己——别人都不好意思拒绝你的求助，而自己又懂得坚强。

网上看来这句话:“女汉子和女强人是两种不同的人。女汉子是什么事都扛上身，力求比男人更有力量更能干活，看着大咧咧，内心却很敏感，属于外强中干。而女强人更多的是驱动别的男人干活，她们或许外貌柔美，但内心绝对坚强，有本事让男人听她的命令。女强人，辛苦别人。女汉子，苦了自己。”

JEAN 在公司的死对头 JESSICA 和她就属不同风格。JESSICA 也是个身材娇小而工作能力挺强的女生，从总监助理开始做起，84 年出生的她现在已经主管一个部门了。

工作上的她有条有理、效率高，生活中的她和我一样，有点“二”。我们俩一起出去吃饭，总能发生一些正常人都不太会干的蠢事情，然后看着那些没长心眼的举动，还能没心没肺地相视大笑。在别人看来，我们这类型的人是怎么长那么大的都难以置信。

其实，“二”是一种很好的平衡和释放方式。需要认真的地方已经消耗了太多脑细胞，在不需要费脑的时候就省着点用。万事精明，让最亲的人都忍不住提防，生怕哪句话说错就招来一顿训斥，自己累，旁人也累。

女人太精明，何尝不是一种另类的刻薄呢?

我观察了几个情感“专家”，都是写过书的，有几个还认识。她们把感情“剖析”得仿佛很透彻，对读者们写信求助的情感问题也都“一针见血”地犀利回复……可是，她们自己，至今快 40 了还单着……

文青的问题就是太容易美化自己的感官，她认为对的，就是对的，她认为错的，就死活不能是对的……教读者应该这样、应该那样，好像她就是人家情感世界里的判官。可明知道自己长得不好看、说话尖锐、性格难相处、不讨人喜欢……但她本人也没改啊。但心里呢，渴望爱情的心比谁都强烈，长此以往，人越来越沉沦在自己的理解中，拿自己的理解去教唆别人，也变得越来越不客观，从说出的话中可见，凡事太过武断。

别跟我提“久病成医”，你的药都没把自己治好就治别人啊？

只有把你自己的生活过到足够好时，你才有闲心和资格去评论他人的生活，而当你过得真的足够好时，你可能更没有闲心去评论了，因为你只热爱你自己所拥有的生活。

也许你要说，遇不到对的人，宁愿孤独一生。

我请问，何为对的人？

一对夫妻同是你的朋友，他们十年来都相亲相爱，某天你无意中得知丈夫曾经背叛过妻子，你告不告诉她真相？

再一对夫妻又同是你的朋友，他们十年来都相亲相爱，可时光倒回到十年前，女方哭哭啼啼地来找你，说男方当时其实爱的不是自己，只是他当时刚被前女友甩了，才和自己谈的……你那时候是劝和还是劝分？

再举个你们可能不爱听的例子，假如你妈和小姐妹们出去旅行，其间有一天，你爸凌晨三点才回家，你是汇报还是不汇报给你妈?

感情本来就是两个人的事情，甜蜜只有两个人品得，酸楚也只有两个人尝到。感情有多深，当事人才知道，值得不值得，当事人自有谱。你觉得是渣男，人家爱得都可以不用吃饭，你认为没结果，人家也心甘情愿相爱一场。

别人二得很幸福，你干吗非要把她拉出你认为的泥潭。看似清醒，其实呢……你笑话人家二，可人家“二”过了一生的幸福。你自以为聪明，聪明得看出原来身边都是泥潭，所以你选择远离泥潭一直单着，深闺寂寥无人懂地单着，看不惯别人把你所谓的泥潭当成天堂。

到底，谁才是聪明的呢?

一次，我看着窗外，一个帅气的背影映入我的眼帘，潇洒的短发，瘦高的身形。微微转过身来，哇，真的是帅哥。我为今天能看到如此英俊的人而窃喜，想上前近距离瞧瞧，便在心里找了个理由——去买瓶水吧，正好渴。然后就走了出去，特意从他身边经过……羞涩地看了他一眼——GOD！满脸小痘痘……看走眼了……

人说，二货欢乐多。有时无知反是福气。因为太清晰会伤神，过分清晰会少掉好多快乐。

如果不清醒能够保持美好，那为何要那么清醒呢?

第4章

变身，俏佳人

一、这才是写着我名字的衣服

明星们走完红地毯，第二天的时尚周刊就是漫天的衣着点评，几家欢喜几家忧。最美和最丑都占有一席版面。欢喜的那位恨不得全世界都看到报纸窃喜“老娘是最美的”，悲催的那位嘴上说着“没事”一回家就把杂志烧了。

不少明星艺人看到自己几年前上节目、走星光大道的照片都有想死的冲动——为什么好好一件衣服在身上瞬间让自己从“美胸皇后”跌落成“太平公主”，为什么好好一条裙子在身上转眼让自己从“凹凸有致”晋级成“肥肉横生”，虎背熊腰回眸一笑间，让现场记者直感激——又有新闻点了。

二十几岁走红的明星，如果背后没有好的造型师，不少人每次出场的行头都会让人捏把汗。她们不像十几岁的萝莉穿什么都难掩青春动感，也极易获取宽容。她们也不像三十几岁的女人跌跌撞撞地从曾经的傻×时代过来已经熟谙如何将自己打造出风韵和品位。

所以，这个年纪的女生正在一个自我审视的阶段，前车之鉴后事之师，女孩到女人的蜕变期。聪明的女孩经过这个阶段，终于“兼具性感与可爱”，另外一批也终于沦落成“早期欧巴桑”。

拉开抽屉拿出照相本，看学生时代的自己。你是否还记得当时有一件衣服穿在别人身上美得耀眼，长“草”，省了一个月的生活费也买一件，以为穿在自己身上也定会风光无限，在校园必定引人侧目，迷倒众生一片，没想到几年后再看照片——哟！这臃肿的土鳖是谁？！

衣着品位高低的很大原因在于，你懂不懂自己的身材？衣服挂在模特身上确实美若天仙，但是你没有那样的天使面孔魔鬼身材，就不要太奢望同一件衣服穿在你身上也能魅力无穷。

我以前是买好看的衣服，现在是买穿在自己身上好看的衣服。25岁以后，要了解身材的优缺点，衣服就是把优点展露把缺点藏起的武器。比如，我的身材矮小，长款大衣不适合我，长喇叭裤不适合我，太长的头发也不适合我，因为这些从背面看起来，我就会像个小“大妈”。于是，我的衣柜渐渐淘汰了那些让自己看上去更像浓缩小树墩的衣服，取而代之的是各种铅笔裤、短上装、ONE PIECE（一件式）小洋装、高跟鞋……

有一款“衣服”，我真心推荐女生朋友们尝试，那就是香水。女人是感观的动物，雨天靠着窗台静听淅淅沥沥的滴答声会勾起深远的思绪，阴天在不开灯的房间会忧忧然然沉淀出悲伤的情绪，看到彩虹般的五颜六色和煦绚丽会心情大好，闻到自己喜欢的味道又会带出一连串细小的幸福感……所以说，女人天生柔情。

我的第一瓶香水是别人送的，被我在柜子上冷落了好久，参加一个派对才想起了它，喷了第一次，才发现它真的有种魔力，像彩妆后的自己觉得自己美极了，昂首挺胸地踩着高跟鞋，自信十足。开始只是偶尔想起来喷一下，喷完后都会觉得心情也随之点亮。不久，就变成每天早上必须喷完香水后再出门，不然总感觉少了点什么。

女孩子选择一款适合自己的香水，真的会让魅力增添不少，既有吸引力又显品位。而且，散发香水味的女生，一定是爱自己、对自己好的女生。“闻香识女人”，如此有自信有味道的女孩儿，怎么会不令人心喜呢?

还有一款时尚必备战服，女孩子们一定要穿，那就是由内而外散发的自信。你没看到T台上有些模特长得跟被捏过的包子似的，瘦成一根杆子模样，穿大红西装、着大绿铅笔裤，远看以为是一条什么东西飘来，但随后，你先前的嘲笑声在那股昂首走路的架势下立马“弱”掉，她脚踩着高跟鞋，用一股能把村姑带入国际视野的自信，甩个冷艳的眼神告诉你：什么叫时尚。

“输人不输阵”不是没有道理的，如果你哪天衣服穿反了，你就干脆拿出“自欺欺人”的淡定：它是刻意设计成反穿的。人家超人还内裤外穿呢，自信点，土也就是一种复古了，尿也就是一种洋气了。玩笑归玩笑，但是自信真的是件添彩的华衫，不昂贵、不难寻，对自己 SAY 个“YES”就有了。

二、自然美肌，轻松呼吸

我长得不算太好看，这我知道。但不够漂亮不是我的错，假如放任自己不漂亮那就是我的错了。可求美，也得注意方法。

大学是好多女生对护肤品的迷恋时期，缘于对自己外貌的不自信和希望变美的强烈愿望，我也是其中之一，时常在大小商场的护肤品专柜流连，心里坚信那些产品背后写的功效说明不久后就能在我脸上实现，能够将脸蛋变成剥了壳的荔枝那样晶莹剔透。于是，买了大瓶小瓶的“便宜货”，把自己当成白老鼠。那段时间，别人推荐什么好用，就有跃跃欲试的冲动。变美信念的驱使下，我几乎到了能背出所有成分功效的地步。我一天洗两次脸，洗面奶来回搓，洗到脸干绷绷地才认可洗出了所有污垢，之后按照所谓的“正确的护肤步骤”一层一层地涂，爽肤水、精华液、乳液、隔离霜……终于把皮肤折腾得越来越薄和敏感。我甚至夸张到21岁就去用什么“××× 活肤霜”，缩了半个月的荷包狠心买了一瓶，结果却着实悲惨——里面的水杨酸成分把原本就敏感的脸颊直接“整烂”两大块，去了趟医院，擦了一个月药膏，天天出门顶着两坨白白的东西在脸上引人侧目……可我还是不悔改，屡败屡战、屡战屡败，在痘痘的此消彼长中，继续期待奇迹出现。

有这种迷思的不仅仅是我，光在我身边的就有好几个。女生看到痘痘就像看到恶魔一样，一照镜子，一天的心情就低落了。想尽办法战痘，越战越受挫。况且大学校园，来自五湖四海的各种御姐萝莉，美得跟花开似的，这对很多平平淡淡的妞来说难免有失落感——中学时好歹还收到几封情书，一到大学怎么平庸得像隐形人。

对待皮肤就像爱情，你把对方管得太紧反而让人窒息。试着了解他，解读他，任他自由生长，恐怕比以爱和在乎的名义“折磨”彼此更有效。任何事物，讲究平衡。皮肤和爱情都是如此。拿水油平衡方程式来说，我们都是学过化学的，可很多女人还是只知道“去油”“去油”“去油”，那身体为了使水油能够继续保持平衡，就不得不从体内分泌更多油分，反而带来恶性循环。

我的皮肤真正得到畅快呼吸就是在我“放开”以后。我不再把过多的注意力放在脸上，也不再把钱“泡”在瓶瓶罐罐里。想想看，如果护肤品真有奇效，那那些拥有月球表面面孔的明星们早就脱胎换骨了。与其将大把大把的钞票投在这些让自己周而复始却疲劳无功的事物上，不如买几本书来得实际，多阅读、多思考、提升气质、灿烂笑容、充满自信，这样的女人就算不化妆也丑不到哪里去。正所谓：三流的化妆在脸上，二流的化妆在精神，一流的化妆在生命。

在“清醒”后的几个月，我没有再往脸上擦任何东西，偶尔爆出那么两三颗痘痘也被我直接无视，有时甚至好几天不洗脸……这种“放开”恰好给了皮肤一个休养的机会，慢慢地，皮肤变得不那么容易泛红，痘痘也自觉不再受宠只能选择离去，痘印也在时光的流逝中逐渐淡去，从 2 米以外看，皮肤居然能伪装成剥了壳的鸡蛋……

我很庆幸自己醒悟得早，年龄越小肌肤的再生能力越好，自我修复力也越高。二十几岁的女生拥有足够天然的魅力，何必让那些化学品在你的脸上进行实验、反应？脸只有一张。别太折腾它，不要杂七杂八什么都用，发现适合自己肤质的产品就太太平平地用，“朝三暮四”既浪费又感受不到效果。更千万不要贪图便宜去买一些廉价的假货，要知道真的有效果的东西不可能在地摊上卖，也不可能只卖那么几块钱。

现在的我，抓紧享受二十几岁的时光，只买几样必要的、好的护肤品：温和的卸妆油和洗面奶、不含酒精等刺激性物质的爽肤水、补水或者美白或者滋养型的精华素和面膜（功效依季节而定）、纯天然无污染的乳液，作为日常保养，足以。有时间就画一个淡妆，开怀舒爽一整天呢。另外，每天多笑，保持心情的愉悦也很重要。女人身体的各项器官真的是靠好心情养的，舒畅自信的内在，才是最好的护肤品。

三、赘肉甩不掉，还怎么有脸活

救生圈还是水蛇腰，大妈和少女的分水岭全在腰腹。

减肥，有过体会的人都知道是一项高难度工程。而且，我需要减的恰恰是最难的地方——小腹。

最痛苦的莫过于我这类人：胖的话先胖脸，瘦的话先瘦胸。要说我的小腹，那真是件让我特别挺不起腰的事儿，因为一挺胸，小腹比胸还凸。不明真相的，还以为是怀孕3个月了呢。本来人就不高嘛，那穿修身的短裙刚刚好弥补身高不足，偏偏B罩杯的胸下顶个“C CUP”的腹，真是让漂亮衣服汗颜到底该怎么配上像我这样的身材。

本来觉得自己总体是个瘦子，便也不以为然。真正下决心减小腹是缘于老公的一句话："你今天要穿这件衣服出门吗？还是那件玫红色的好看，这件显得你的胃凸……"

为了让减肥持之以恒下去，我特地让人拍下我的侧身，不缩不束小腹、不做任何 PS，发到微信好友圈，借大家的眼睛以警示并进行自我监督。要知道，这个举动需要多大的勇气，我考虑了整整一周，暴露自己的缺点简直是让大家对自己幻灭，可为了不给自己留退路，我还是这么做了。

我是个爱惜身体不愿冒风险的人，所以抽脂啦、吃减肥药啦等"激烈"的做法，完全不在我的考虑范围内。我的胃不好，这是以前上班时留下的"不规律后遗症"，所以像一早起来喝黑咖啡这类的，也被我排除在外。既要瘦，又不能太辛苦，秉持这样的基准，我的减肥大计主要从两方面着手：饮食和运动。不过我是贪吃鬼加懒虫，要我专吃那种低卡路里的、清汤白水似的、吃了跟没吃一样的减肥餐，真的比下"地狱"还难受，而且那样减会变成整体瘦，最缩水的还是胸。

无肉不欢的我，只是尽量控制吃那些"大肉"。看到扣肉，就跟自己说"现在天热没胃口吃"；看到红烧肉，就跟自己说"看那肉皮上飘扬的猪毛，恶心"；不管看到什么肉，就跟自己说"肉很难消化，少吃点"……以此，培养出对大肉的冷淡。

吃饭时，如果有水果，我会先吃水果再吃饭。虽然在网上，众说纷纭，水果该饭前吃还是饭后吃各有说法，哪些水果该饭前吃还是饭后吃也可能有所不同。反正我是记不住的，就干脆遵循一种说法："如果进餐时先吃饭、菜，再吃水果，消化慢的淀粉蛋白质会阻塞消化快的水果，所有的食物一起搅和在胃里，水果在体内高温下，产生发酵反应甚至腐败，出现胀气、便秘等症状，给消化道带来不良影响。"

吃饭时，如果有汤，我会先喝汤，虽然不太习惯，但告诉自己：先让热乎乎的汤给消化道加点"润滑剂"，使食物能顺利下咽，防止干硬食物刺激消化道黏膜，保护消化道，降低消化道肿瘤的发生率。每次吃饭时，提醒一下自己。一个礼拜下来，也就基本养成了这个习惯。

至于如果你问我，同时一餐有汤有水果有饭，该怎么办。我的答案是，我没有让这种事发生过，因为我不知道是该先喝汤还是先吃水果。如果你遇到了这种"难题"，我的建议是，先喝汤再吃饭，过半个小时后再吃水果，那应该就不影响了吧。

可乐是一定要戒了的，我要求家里不许购买任何碳酸饮料，备一些养乐多。渴的时候就喝凉开水，嘴巴"寂寞"的时候就喝乳酸菌等少刺激性的饮料。说实话，我先前喝可乐有点"变态"，每天刚吃完饭就想喝一听。我想小腹变得如此模样都是自己造的孽啊，所以做好心理准备，无论多久，我都会陪伴它将减肥之路进行到底，不离不弃。

让我去跑步、游泳、打球运动，我铁定不是那一款。但是我得找一项运动培养出自己的兴趣。女生都是爱美的，而跳舞就有一种能成就优雅体态、把女生变成女神的魔力，又不像单纯的运动那么容易让我感受到劳累，伴随着音乐，啪啦啪啦跳起来……我想我找到了最适合自己的运动——练一种新的舞蹈，肚皮舞。

学肚皮舞不是难事，跳得好看才难。学会一个新动作并且跳到位，需要重复几十遍甚至几百遍，扭动的多为胯部和腰，跳的时候保持收腹，连续一个月跳下来总会有所收获，一来减肥二来还能学个新才艺，何乐而不为？

养成收小腹的习惯很难？NO！学舞减肥还有个特色，在这里分享给大家。舞蹈是配合音乐的一项运动，所以跳着跳着，有时听到音乐，就会不由自主地扭动起来。于是，我在平时坐着办公的时候，便打开平时那些练习肚皮舞的曲子，心思专注工作或者写作，但身体，尤其是腰部，就“暗暗地”收腹扭动起来。这比正常练习更加锻炼腰部肌肉的力量，因为坐在位子上，不能太“明目张胆”，毕竟被谁看到都会让我不好意思，可音乐流到耳朵里，身体还是想跟着舞起来。所以，只能局部收拢肌肉悄悄地“舞”。才一个多礼拜，我就养成了可以自由收腹的习惯了，不会有即将窒息的感觉。我相信，只要不断运动腰腹，迟早会如愿以偿的。

第5章

变身，也要贵人相助

一、秀，没什么了不起！

有梦，你启程了吗？有梦想，与其等待不知道在哪里“正抠着鼻屎”的伯乐，还不如自己将自己推一把。

现实无情地告诉你，你没有钱，你不是官，你没考上名牌大学，如果不想办法为自己的未来争取一个“华丽转身”的名额，很有可能你今生都将在一份份找不到兴趣的工作中辗转，消耗着除了你自己外没人替你可惜的青春，淡忘曾经的梦想，为着能如数领到每个月用来还房贷的工资低声下气地对着发白的屏幕“咚咚咚咚”敲遍无力的键盘……

比起做着自己不喜欢的工作每天怨声载道的“木偶”，我倒是更加敬佩冲去参加选秀的“奇葩”们。自从电台有了选秀节目，夏天就变得充满了梦想和希望。自从有了微博，哪些人是当下的焦点就变得一目了然。自从有了选秀和微博，短短几周在什么节目里红了哪些人，就变得明明白白，公开在跟大家说——有梦想你就去试，红不是遥不可及。秀，也没什么了不起。

记住，如果伯乐不来找你，你就自己奔出去；如果没有贵人出现，你就变成自己的贵人。

如果你特别有才华，有一方领域的专长，在专业上做出成绩，成为商业巨头、职场高管、教授、专家……不屑成名，那是十分难得的，让我很是钦佩。

所谓条条大路通罗马，谁说不是呢？可往往这些出类拔萃终是凤毛麟角，有好大一批人尽管满身抱负、才高八斗，还没成功，就被后浪拍死在了沙滩上。

如果你有一副好歌喉，有一张俏丽的面容，比起千千万万的人，已经幸运太多了。天生的一副资本，让很多人羡慕嫉妒恨。这样的先天性优势，如果都因为鼓不起勇气去抛头露面，那真是太可惜了。

马修·摩伊，美剧《破产姐妹》中饰演韩裔饭店小老板 HAN LEE，凭借在剧中善良搞笑的形象获得观众的喜爱。事实上他是美籍华裔，中文名叫陈川，在成为演员前换过很多不同类型的工作，开始在宠物医院工作，还成了一名麻醉师，学了配音后觉得自己也许可以成为巨星，于是找了一名经纪人走上了演员的道路。这就是——敢想，敢做，发现自己的特色，然后成功跳出去。

你失败过很多次，虽然你可能不记得。你第一次尝试走路，你摔倒了。你第一次张嘴说话，你说错了。你第一次游泳，你快淹死了。你第一次投篮，你没有投进。不要担心失败，需要担心的是如果你畏惧失败，你将丧失机会。

如果霍华德·舒尔茨在被银行拒绝了242次之后就放弃了，那么现在就不会有星巴克；如果华特·迪士尼在他的主题公园设计理念被打回了302次之后就放弃了，那么现在就不会有迪士尼了；如果J.K.罗琳在稿子被无数出版社连续N年退回后就放弃了，那么现在就不会有哈利·波特了……有一点是可以肯定的：如果你放弃得太早，就永远不会知道你将错过什么。坚持才是胜利！

前文说的立足点比较高，讲的是梦想的层面。那么我们来说说“秀”的战术层面。

你真的相信很多人参加选秀节目是为了梦想？别天真了，梦想是喜欢唱歌，那你分分在客厅唱好了，没人阻止你；梦想是喜欢跳舞，那你天天到广场跳好了，没人绑你脚。走到幕前，说白了，就是要红。

“大红大紫”毕竟是少数，但为什么还有那么多人前赴后继？

——为了和“市场”混个脸熟呀！有种营销，叫自我营销。

你是个创业者也好，淘宝店主也罢，抑或是驻唱歌手……你需要属于你的客户，也就是我说的“市场”。某种程度上，知名度可以增加你原有市场对你的信任，也能够帮你开拓新的市场。而市场对你来说，就是你的饭碗，是助你发展的上帝。

所以，对很多聪明人来说，他最主要的产品就是他自己。先把自己推出去从而带动他的自有事业，有时可能比勤勤恳恳地耕耘收获来得更多更早。

有一个选秀歌手在比赛结束后因为不够听话被经纪公司雪藏，一年时间几乎没有收入，和他母亲两个人漂在上海，有时一天都只能吃泡面。这家伙当初比赛时，我就觉得他的脑子转得非常快，后来的遭遇着实为他可惜。但他果然没让人看错，某一天突然传出他经营的淘宝店已经年收入百万的消息，比他当个四线歌手赚得多多了……他的淘宝店为何会在短时间内使消费者蜂拥而至？原来是他对差评的毒舌回复，这让很多当时看比赛的粉丝觉得，哇，他还是他，真够“贱”得可爱。虽然卖的东西很大众也很普通，但他既有粉丝基础又有自己的淘宝店“特色”，所以生意一直红火到现在。

还有一位创业者，写了两本书，把自己成功塑造成畅销作家，积累了大批的读者群后，带着励志女性的光环推出她的励志品牌，现在事业也是遍地开花、蓬勃发展。

再一个，非常有名，“为自己代言”的那位，人家的企业已经上市了，才不过用了4年多的时间。当初和他竞争的有另一位女明星兼女商人JING，借助女艺人资源通过自有电视栏目搭配化妆品销售网站经营，可最终还是拼不过人家“代言”？我个人以为，电商的竞争，就是得屌丝者得天下，配上他那出色的自我营销，效果可见一斑，连广告都是传递出屌丝的心声，你说，屌丝们能不挺他？

JING的栏目里是一群白富美、专家跟你说“你们要用什么”“你们不要用什么。”电视机前的屌丝们怎么想？也许会想：这些东西你们推荐，但你们自己估计都不太会用吧。明星们肯定用那些顶级的保养品……

但“代言”以屌丝过来人的身份跟你说：我和你们是一样的，想用最优惠的价格买到好东西的愿望也是一样的，所以，放心来买吧，我们是一样的，自己人不忍心坑自己人的。我是从屌丝变身高富帅的，你们一直来我们网站多逛逛，没准也能华丽逆袭的。

我称他为自我营销的典范，并且笑称，他为自己代言，我为自己“带盐”。什么叫“带盐”？盐就是汗水沉淀出来的成果，我不比别人漂亮、不比别人聪明，我能做的，就是用最大的努力去拼搏。

所以，如果秀是因为想红，对不起，结果极大可能会让你失望。没有背景没有关系没有钱，就靠一点才艺要混到那个位置，真的只是“梦想”。人人都想去的山顶，真的很挤，越上面越挤，你只会被撕得尸骨无存。如果秀只是你的一种自我营销手段，目的达到后，你仍旧沉下心经营。那么，秀，也没什么了不起。

把“秀”的舞台再广义化一点，延伸到“求偶”的问题上。

我一个男生朋友，高、帅、单纯、善良、硕士、小康。都快30了，还单身。是很“认真”的单噢，因为连个女朋友都还没有。他的问题就在于——太宅！

现在好多单身男女中“宅毒”的，平时就没怎么见过太阳，公司家里两点一线。购物？上网就可以了；朋友？网聊就可以了；娱乐？有WI-FI就可以了。还没怎么过过青春，就一把年纪了。日子越久，中毒越深，回天乏术。一到适婚年龄，便走上了相亲的不归路……

说“一直遇不上合适的”“就是没见到喜欢的”“老是找不到有FEEL的”……送这样的朋友一句话：你不走出去，人家都看不见你，怎么看上你？

你说你，多久没有约着好友出去打球了？健身房的卡一年去过三次都快过期了吧？社区那么漂亮的图书馆你都不知道它长什么样吧？

生活就是个舞台，走上去，秀出来，终有一天你会成为主角。纹丝不动，干瘪度日，那可能连观众席的座票你都买不到……秀，真没什么了不起！

二、天空海阔，做最坚强的泡沫

世间行走，得练就一颗强大的心脏。

1. 太在意别人怎么办?

有位读者朋友发私信给我，说很迷茫，由于曾经遭遇过排挤的不好经历，导致自己太在意别人的看法，从此万事谨小慎微，生怕自己说错话做错事，所以，长期压抑自己，很痛苦。她问我：太在意别人的看法，怎么办?

如果我直接说“走自己的路，让别人说去吧！”你们肯定想打我吧？哪有那么容易！好吧，我只多说三点，你们自己看着办：

首先，调整心态是需要过程的。别人对你说这话，估计你听不进去。但我这么说，是经验之谈。在《完美逆袭 I》里我就交代过，我高中时的人缘极差，当时属于男生不喜欢、女生也不喜欢的品种。起初也难过也迷茫，你们有的情绪也都有，但只要想通一点，就豁然开朗了。那一点就是——这些家伙的意见到底靠谱吗？确实有益的，我立马改，如果只是嫉妒你，那我干吗听？他们闲得蛋疼地随口一说，本就是希望我变得糟糕，我难不成还要如他们的愿？真为了迎合他们而做出不利于自己的选择，他们会对我的人生负责不？不在我背后笑死已经很好了，最后哭的还不是我自己……不过，别觉得这样想很容易，还真的有好多“蛋白质”青年被人家“激将”着学会抽烟、酗酒、鬼混、不好好读书……所以，聪明的人，要知道自己要什么，是要这种临时“朋友”的临时“认可”，还是要把自己修炼成“逆袭生”？

其次，如果遇到了很多人开始嚼你舌根，怎么办？我想说，只有两种情况，要么就是你真的够讨厌，拜托，这样的话就虚心改改。要么就是恭喜你，你成为值得让大家花时间注视着你的人了，这种时候，就学学我，找个“偶像”看齐——我当时是把一个当红明星的名字写在手心里（你存在我深深的脑海里……偏题了，SORRY！），对自己说：“她都被人骂成那样了，不还是活得好好的！我脆弱矫情个什么劲啊！”

高处不胜寒。若你有了让女人们都为之嫉妒的资本，说明你至少有一方面是优秀的。相应的，没有哪个明星是没有绯闻的，没有哪个名人是清一色只收获赞美声的。LIFE IS A PACKAGE（生活都是打包而来的），当你追求了好的，接受了好的，你就必须还有心怀容纳下那些打包而来的不好的。这些不好的一方面是在平衡你的所得，另一方面是在给你机会锻炼你让你成为更坚强的人。

嫉妒是女人的通病。女人讨厌女人往往不需要客观理由。大部分女人不成功，因为她们最难做到的事就是肯定别人的成功。所以，你要成功便得是不一般的女人，大气点！

说白了，女孩儿们，你要高兴有人在想方设法明示暗示地到处去传播你、议论你、诋毁你、抹黑你，不经意地“提到你”，这说明你对她们来说是件值得放心思的事情。不要困惑自己明明和她们八竿子打不着，可却成为她们背后的话题，因为她们最大的酸楚不是嫉妒你，而是嫉妒你却从未走进你眼里。我的漂亮宝贝们，做更好的自己，就足够了。

再者，有些看法真的是别人想的，还是你自己想出来的？人很容易犯这样的毛病：把自己的事容易用放大镜去看。担心如果不做好，有种天快塌下来的感觉，想顾及方方面面、尽善尽美，不愿让任何一方失望。可每次事情过去，回头想想，其实是自己看太重了。每个人都有每个人的忙，根本没有那么多闲情逸致关注别人。

举个例子：以前上课的时候回答问题，答错了，你是不是会很羞愧地认为所有人都在注目着自己，同学们也一定全在嘲笑你，所以答错问题后好一会儿才能缓过这股丢脸的劲？——你想多了！你仔细想想，如果换成是其他同学站起来回答问题，答错了，你是在嘲笑吗？没有嘛！大家只关心正确答案是什么，然后这个问题就过了，所有人继续上课。所以，是自己把自己看太重了，大家压根就没有在记着你答错问题时的窘态。

2. 享受孤独

城市的轮廓，你的孤独。在外闯，很艰难，很寂寞……我懂。

我也有过一段“自己到底是谁”“我那么拼命是为了什么”“自己好像被全世界抛弃了”的阶段……也中过“宅毒”，像宅女们、鱼干女们一样，对什么事都不感兴趣，汲汲营营工作，周末穿着睡衣，不化妆不打扮，沦陷在沙发里，动都不想动……

那段时间，没有恋爱、没有牵挂，没有过多的情感出口。

女人应该是感情丰富的物种，需要不同的情感平衡生活，才能维持美丽。为了摆脱那种“精神亚健康”，我内心也渴求良方。谈场能够“变滋润”的恋爱？噢，更加可遇不可求。于是，我想到，领养个宠物，寄托情感。

接下去要讲的故事很伤痛，自从多多走了以后，我保留着它唯一的一张照片，至今不敢翻出来看。

多多是童爸花了 100 块从狗贩子手中买回的迷你狗狗。所谓没有买卖，就没有杀戮。单纯的童爸只是开车经过，瞟见路边卖狗，觉得特别可爱，便打电话回家问要不要买。我们全家都很爱狗，却对贩狗、星期狗鲜少了解。一听说家里会迎来一个小家伙，自然都开心得不得了，还没等它到，我们已经在猜想它的可爱模样。

它一进家门，昂首挺胸“咚咚咚咚”地小碎步四处跑动，仿佛对新环境很是好奇。我和妈妈就在边上看着它，也是欢喜得不得了。弟弟早听到家里“喜报”，放学回家第一件事就问：“多多呢？”

那时正是冬天，我给它预订了暖暖的草莓狗窝、衣服、狗粮、羊奶、玩具……告诉它，它以后在这里，不需要担心任何事，会让它开心快乐地过一生。由于自知不懂狗，我还特地加了一个“狗狗天地”的网上聊天群，向很多达人请教问题。

因为多了一个它，全家都幸福得不得了，笑得都很满足，照顾它，看护它，瞧着它自己走进走出它的小窝……我迫不及待拍了照片上传微博，向大家分享，它叫多多。

大家对多多小老虎般条纹状颜色的毛发很好奇，说没有见过这样的品种，那毛发应该是被染色的。我心里还想着，哪怕颜色不是天然的，我们也不会嫌弃它。

正高兴着，突然，童爸抱着它说："哎呀，你们看，它的一个眼睛怎么是浑浊的？"我们赶紧跑上前，紧张地看了又看，我当即向"狗狗天地"的朋友请教，众说纷纭，我决定带它出去看医生。为了避免多多太小吹到外面的冷风，我和妈妈拎着草莓窝出门，找到一家宠物诊所。

诊所医生一看，说那个眼睛就是瞎的，不是因为得病。我们虽然觉得"哎呀，怎么会这样呢？居然挑了一只有残疾的狗狗"，但还是庆幸医生说它没有眼病。想着健康就好，反正我们会好好对它，给它很多爱。医生问我们："狗狗抱回来以后，有没有吃过药？"我们诧异，狗狗要吃药？听医生解释完，好像一副每只狗狗在出生后不久就该吃那种药的模样，于是，我就花了100块让医生给她喂了半颗药，担心会因为自己的无知没有照顾好多多。

接着两天，继续幸福的生活，我在案上打着字，多多在我脚边走来走去……家里虽然多了狗的臭味，但气氛里却弥漫着甜……

可不幸还是降临了。第四天，多多开始躲在它的小屋里，水不思饭不想。你们不知道它有多乖多聪明，知道便便不能大在草莓屋里，它一直会特地走出来，大完再回去。即使是那天，它虚弱得几乎站不稳，可还是坚持出来，全身无力的模样看得我心都快碎了，看它难受，比我自己难受还要不好过……一下午我都在咨询网络群里的养狗达人，半夜 11 点还在联系宠物医生……有试过在忧心忡忡中睡觉的经历吗？我那天就是，半夜醒来好几次，都是蹲在它门口看着它……它也醒着，看着我，很难受……

第二天，童爸载着我带多多去看病。医生说："它得了细小……"细小?！那看得好吗？医生摇摇头："很难。"我边哭边求医生一定要救它，医生说："得治疗三天，三天后若是看好就好了，若是看不好，就只能等死。"童爸问："多少钱？""整个治疗下来，一千五。"

"治好的概率是多大？""这种狗，那么小，唉，百分之十吧……"

童爸当即拉着我往外走，"别看了，买来一百块，现在还要花一千五给它看病吗？"

自从多多生病以来，我就满心思在它身上，吃不好睡不好，脑子乱七八糟。被童爸拉出去，一时没反应过来。等回过神，赶紧跑回去，看着多多，它就一直躲在它的小草莓里，不肯出来。医生把它抱出来检查，放下，它又虚弱地走回去，窝在那里。多多，傻孩子，那是你的小草莓，永远属于你，不要怕……

"治吧……"我哭着说。童爸一句骂上来，"你疯了吗?！""虽然是一百块买回来的，可既然来了，就是我们家的一分子，难道不给它看病，不管它吗？"我知道童爸也很难受，一句话不说，只管自己走出了诊所。

多多还是走了。

我每天以泪洗面，痛苦地回想着它刚到我们家时活泼跑动的样子。全家都很伤心，他们也没有心思来劝我，就是任由我边哭边做其他事。妈妈怕我触景生情，偷偷地把多多的小草莓扔了，其实多多走后，我都不敢再看一眼小草莓。

好长一段时间我一直自责到底是哪一步导致了多多的悲剧，我怀疑过是那个宠物医生，甚至有冲动要过去把他的宠物医院砸掉，也怀疑过是不是狗粮有什么问题……直到后来我在网上看到，有一种狗狗叫“星期狗”……我们家的多多很有可能就是一出生就注定是悲剧的星期狗……

我恨狗贩子，也恨自己无能。其实有时，人就是那么渺小，想保护的保护不了。一直想写一篇文章纪念多多，可一直不敢挖掘那时的伤痛写出来。狗贩子，求你们，手下留情吧，一星期足以培养很深的感情，那种死别不亚于亲人的离开。它们那么小那么小，就放过它们吧，让它们好好地，如果不能给它们快乐的一生，就不要把它们带到这个世上折磨，不要对依赖于我们的生命如此残忍，好吗?

那一段情感寄托，在一个星期内让我体会到了从天堂到地狱……很长时间里，我一直以朋友宽慰我的一句话宽慰我自己：多多幸好被你们买回家，尚且有几天的快乐时光，若不是，可能连一天的幸福都没有……

再悲伤的情感也好过没有情感。有时，能有对象让你付出感情也是种幸运。于是，半年后，我又去领养了童小妞，一只萌得我们全家心都要化了的小泰迪。

好多人问我：养一只狗，要花费那么多，值得吗？

我一定回答：值得。

也许你的快乐来自于买衣服、吃好吃的，但我想说，一顿大餐的钱已经够我们童小妞吃几个礼拜最好的狗粮了，三杯奶茶的钱已经够我们童小妞洗个舒舒服服的澡了……而一顿大餐或者三杯奶茶的快乐，对我而言，远远比不上童小妞对我摇着尾巴的幸福。

奋斗中的人们，耐得住寂寞，才能守得住繁华。城市的轮廓，你的孤独，总有一个让你坚强的理由。这理由，也许是父母，也许是伴侣，也许是爱宠……他们都是把最忠诚的一颗心永永远远地交给了你，依赖着你，这份毫无保留的信任，就值得你为了爱他们给他们幸福，而坚强。

甘于寂寞的人，是不会寂寞的。曾经的孤独，被我利用来修行，内外兼修，专注成长。如今已经沉淀出享受孤独的心。现在我的身边围绕着很多人，但人来必将人往，再平常不过了。而我知道，我的心已经强大到，纵使哪天只剩我一人，我也会依然看着蓝天淡然地笑，因为，我会享受孤独。

第6章

爱情观，也要变

一、爱情攻心计

有多少人在每年的4月1日借着愚人节的胆子向心仪的他表白了?

最美的感情，无疑是暗恋。打个不知道恰不恰当的比喻：什么最美最性感？不是全裸，而是那种犹抱琵琶半遮面的若隐若现。

心里装着一个人，周末都变得无趣，好想赶快回学校看到他啊。他在的那个方位有种莫名的魔力，感觉同样是阳光下的大地，那个方向总是更具暖意。小眼神瞟啊瞟，寻迹着什么，眼睛仿佛会骗人，随便出现个人影都感觉像他。会偶遇吗？又期待遇见又害怕遇见，真的见到，那种小鹿乱撞般的心跳又是如此强烈。如果他碰巧上课坐在你的左后方，天哪，一堂课下来50%的时间余光都投向左后方，一学期下来，都快得斜眼症了……他对我也有意思吗？他也在看我吗？每个暗恋中的人都有侦探的潜质，抽丝剥茧，寻踪觅迹，发现一点线索都可以无预兆地兴奋半天，若是看到他和其他女生走在一起，那股酸意真的能让心情 DOWN（沉）下来——最酸的不是吃醋，而是你连吃醋的资格都没有。不是人家的女朋友，哪里轮得到自己吃醋的份。可心里还是酸啊，怎么办？找姐妹淘诉说心事、听抒情歌沉浸在一样的悲伤里、一个人逛街旅行走走停停……什么办法都试了，可心里，还是实实在在的他，挥之不去。

没人不曾暗恋过谁。那种心情其实很美好、很美好，关注他很美好，有意无意地对他好很美好，他的笑容很美好，多愁善感的忧伤也很美好……

更美好的是——那种心照不宣的互相喜欢。如果让我评价感情中最美妙的一档，我真心以为是“友达以上，恋人未满”的状态。互相吸引、彼此在意、偷偷猜测对方心思、明目张胆关心送暖，哪怕是吃醋，也可以用“重色轻友”的借口理直气壮地数落……这个状态既有恋爱的甜蜜蜜又有暗恋的神秘感，当然啦，还有柏拉图般的精神满足。

每次回忆自己年少轻狂的时候，有这个状态的时光都会让我无比怀念，那是属于青春的情感专利，青涩的心灵任性。我想，过了那个可以灿烂做梦的年纪，恐怕再也不会有这样的体验……纯粹而没有杂念，像栀子花一样……

这样说，可不是鼓励大家一直暗恋下去噢，该抓住的幸福还是该适时抓住。如果能一辈子如此，我也许倒也愿意。但人生时时刻刻都在变化。他可能要去另一个城市啦，你可能要出国留学啦，你们到了适婚年龄得赶快谋感情出路啦，你们身边萦绕的“花蝴蝶们”迎风飘扬啦……太多太多可能性出现，让你们必须选择——进一步还是退一步。现实不是偶像剧，兜兜转转一圈后，你未必还能在几年后的老地方重逢那个他……

有人能喜欢是幸福的，最平淡无惊喜的就是无人可爱。

我弟弟如今快上大三了，又高又帅，可至今没交女朋友。他很淡定，我却替他干着急，不是怕他找不到女友，而是怕他错过了最纯真烂漫谈恋爱的时光。有什么能够比在象牙塔里邂逅一段初恋更美好的事呢？所以偶尔我会劝他：“在大学不经历会后悔的事，其中一件，就是谈场恋爱。”他不以为然：“可没有碰到自己喜欢的啊！”

是啊，如果没有遇到心动的，倒也未必要为了体验而体验。所以，那些有心仪对象的朋友们，真正很幸运，毕竟有一个人能够让自己牵挂、纠结。既然如此，当暧昧到了必须做决定的时刻，为什么不为爱痴狂一回呢？再不疯狂就老了！

在网上搜索“那些年我们错过的爱情”，几十万条搜索结果，每个故事都是一把辛酸泪……

其实每个决定都将收获今后值得回忆的珍贵时刻，你可以将秘密永远藏于心底，深不可测地隐忍，在他婚礼上献上一个友谊之吻；你也可以孤注一掷地表白，大不了伸头一刀，及时梦醒，虽然被拒绝尴尬，但再不争取就永远没机会了，试过了后悔总好过连试的勇气都没有的后悔；若是表白被接受，哇塞，那种喜悦就像全身淌满了阳光，你简直会甜到死。

偶然看到这样一句话，话糙理不糙：遇到喜欢的人一定要表白，你丑没关系，万一他瞎呢……

青春就是用来“二”的！喜欢 IPAD 你就去买，喜欢单反你就去赚，想喝台式奶茶你就过口岸，想当首领你就努力学习然后努力去工作，想去威尼斯你就攒钱去，想爱谁你就去爱，想追谁你就去追，想到了就去做，拼命努力，拼命享受，忍着守着惦记着，青春就过去了，何必用 40 岁的心态过 20 岁的年华。有花堪折直须折，莫待无花空折枝。

我的青睐对象，最终也都会青睐于我。不是我有多完美，而是我奉行两个准则：“你若盛开，清风自来”“欲擒故纵，以退为进”。

中意他，想和他恋爱，等是没用的。除了蹉跎了漫漫时光，根本无法让他体会到你的心意。

喜欢他，想和他恋爱，求是没用的。除了让自己掉了份儿，哭哭啼啼的卑微根本求不来爱情。

他若不爱你，你的一味付出，只会得到两个结果：让他更加稀罕那个对他爱理不理的女人；帮其他女人宠坏他。这和一个男人不爱你了的道理是一样的，都是在做无用功。只是呢，一个对他来说还新鲜的女人稍加雕琢尚有上位的可能，但是一个“陈年”的姑娘要追回不再属于她的变心男恐怕难度就极大了。

你若盛开，清风自来。想要实施欲擒故纵这招之前，先收拾好自己才是正经事。用脚指头想想，你看得上的男人能喜欢一头没有魅力的猪吗？就像职场上你需要找搭档一样，精英才配得上精英，你是精英对方是骡子，项目没做完你就快疯了；你是骡子对方是精英，唉，对方不会希望和你同一个项目组的。

欲擒故纵，以退为进。这招用得好绝对所向披靡。我有个朋友TINA，曾被一个长相普通、身材矮小的男生迷了那么一阵。先说TINA，哪怕算不上女神级别，也绝对是个电力十足的女生，追她的人本就不少，可当她向我们另一个朋友，也是她同公司同事JENNIFER打听那个丢在人群中立马会被淹没的男生，我真是惊愕得下巴都快掉下来了，JENNIFER更是不可思议到不停追问TINA这段离奇的“八卦”。

TINA：“我听好多人都说他挺特别的。”

JENNIFER八成是觉得TINA疯了：“他是挺特别的，特别古怪。从来不和大家聊天，从来不和大家玩，公司部门聚会从来不参加，对周遭什么事都漠不关心。不过他很聪明是真的，之前他居然一个人加班把好几个人要做的难事都完成了。”

TINA：“我问过他，他觉得专注于做事情的男人比整天和女人一样废话很多的男人更像男人，他有理想有追求肯努力耐得住寂寞，所以每天很充实。而且尽管他对其他事不关心，但是我觉得他对我的很多事都是好奇和关注的……”

JENNIFER：“你别告诉我，因为人家对你有别于常人，你就开始关注他。”

TINA：“很不巧，好像正是……”

瞧吧，女人就是容易招架不住这种“SPECIAL（特别）”。尤其是女神，像鼻涕一样黏不拉几的追求者多得是，可看多了人类，偶尔出现的 ET（外星人）会让她眼前一亮，觉得与众不同。如果 ET 此时对别人都冷漠相待，只有对她多看了两眼，哇，那她的心还不就这么融化了呀？

那人更绝的是，一旦 TINA 觉得他特别，好奇地主动“靠近”他，他居然不但不迎合，反而“躲”了……你说这不是激起女神的挑战欲嘛，对于大部分自我感觉还不错的女生，鲜有被拒绝，多新鲜啊。所以，TINA 被迷得晕乎也是情理之中的。

番外话：好在我们后来将一时脑热的 TINA 从迷途中拉了回来，毕竟他俩从各方面来说都太不合适，完全是活在不同世界里的型。以我们对 TINA 的了解，哪怕真的谈了，立马从幻想摔回现实，神秘感荡然无存，想必恋情活不过 3 天。而且他们是同事，我是向来反对角色错乱的，更何况为了短短几天的迷途而引发在公司里的任何负面影响，得不偿失。

别说女生抵抗不了“欲擒故纵”，男生更是如此。你先让他“闻香”，当他想咬的时候，你突然就闪了，那一定是像听了半句秘密似的吊足胃口，激发雄性动物的征服欲望。相比主动送上门，一副没他不能活的窝囊样，自尊自爱的女生招人疼多了。

恋爱很容易——就这样发生了。

我很怕在恋爱中的姐妹们天天苦大“愁”深地跟我说：
“我觉得我和他不会结婚哎，那你觉得我们还要谈吗？”
“你说他以后万一喜欢上别人怎么办？”
“你说我和他会有结果吗？”
……

对恋爱中迷茫的人类，我的分享就是，你问问自己：两个人在一起与不在一起相比，是开心的多还是不开心的多？

如果两个人在一起比分开更痛苦，一天一小吵三天一大吵，不是在 ENJOY（享受）而是在 SUFFER（忍受），那我劝你早分早好。可如果分开比在一起难熬，有种心被挖空的感觉，痛苦不能自已，很希望能够复合的，那就在一起啊。

要知道，无论你和谁在一起，恋爱的流程都会走一遍，差别就在于，两情相悦的人对这些流程是笑着走完的。

恋爱中，你就应该放轻松地去享受这份感情，酸甜苦辣，趁着年轻，多经历一些对自己没什么不好，有苦有甜回味无穷。三毛说：“当你连尝试的勇气都没有，你就不配拥有幸福，也永远不会得到幸福，伤过，痛过，才知道有多深刻。”

“人生短短数十载，是非对错转头空，青山依旧在，几度夕阳红”，还没尝过爱情的滋味就老了，我个人觉得比爱过一个人后受伤“累觉不爱”更悲剧，像《还珠格格》里紫薇她娘说的：连个可想、可念的人都没有，那人生就如枯井，了无生趣。

二、放开放下

1. 人错了

我一个女生朋友 MAY，感情路可谓坎坷难行。前后恋上三个男生，都是爱到无法自拔，可偏偏她爱的人不爱她，爱她的人她不爱。

为了第一个男生，她几乎做了所有能做的事情表白心意：在火车上站一晚上只为去看他一眼；把他发的短信一条条全部抄下来，一字不落，很厚一本；隐身在 QQ 上愣愣地看着他的头像从亮起到暗落；玻璃瓶里折满彩色的纸星星，每个星星里写着心里的独白；告白四次都被拒绝……唉，男生是真的正派，但只是把她当妹妹看……

为了第二个男生，她傻傻地答应成为人家女朋友，实际上她也知道自己是个备胎，并且那个男生还是特别坦诚地告诉她："我不爱你，我们也不可能有结果，但是我可以和你谈。"这种看似诚实的男生实际上真是把"渣"特色发挥到了极致。想牵手、想亲吻，但就是不想好好爱她。约个会吧，连吃顿麦当劳都扭扭捏捏地想AA制……

第三个男生，是她正式的首任男友，在异地工作中认识。女孩子一个人被外派到异地工作，举目无亲，最容易受寂寞驱使对周遭的一些"小恩小惠"泛起心中涟漪。这个男生就是这样，甜言蜜语对在外地的MAY简直就像毒品一样，明知道他有个在美国留学的女朋友，MAY还是陷进了这段错误的感情。对MAY来说，这个男生在她面前所表现出来的一切都是只爱她，而对于在国外谈了5年的女朋友只剩下责任，并且已经明确分手，之所以还有联络，完全是出于已经演变成亲人的关系……读者朋友们看到这里，一定会大骂MAY居然连这都信吧？但往往当局者迷，换成你，深陷其中，也未必能理智清醒地全身而退。就这样，这个男生在MAY和他那所谓的已经分手的女朋友之间周旋，害得MAY好不痛苦，甚至养成了习惯每天睡觉前要偷偷地关注"他的她"的微博动态，越看越揪得慌……终于，她忍不住了，打电话向我倾诉，等她叙述完一切加上自己"不理智"的分析，即被我无情当头棒喝，"鬼话连篇你都信"。

她还不肯面对现实，"他说他和她早就分手了，可是她一个人在国外也不能不考虑她的感受，太决绝。两个月她就回国了，他父母现在逼他和她订婚。所以，我想我应该退出，但是他告诉我他很痛苦，我也能感受到他很痛苦……”

我又气又怜地打断了她，简直是哀其不幸怒其不争，“你把他号码给我，如果相信我，我打给他”。

……于是，我花了十几分钟说服她把那个男人的手机号码给我……

“嘟……嘟……嘟……”电话接通了，尽管被封为“恋爱小贴士”，可打给一个陌生人还是让我试图平静地酝酿好开场白，“你好，我是MAY的朋友，童童。”

“你好。”电话那头的声音一听就让人生厌，“我听MAY常提起你们。”

“那你应该知道我的性格，我就不拐弯抹角了，你们的事情我略知一二。别的也不感兴趣，只问你一个问题：你是爱MAY还是爱你那个美国女朋友？”

“我爱MAY。”他说，“但是……”

……然后，他开始滔滔不绝地狡辩之所以不能和MAY继续下去的理由……

挂完电话，我立刻打给MAY，“搞什么东西啊，他痛苦个P，哪一个痛苦的家伙还在KTV那么HIGH的？！你不是说他现在在一个人落寞吗？为什么我这个陌生电话打过去，里面传来欢快的背景音乐……不信你自己打。”

终于，几天后，他们分手了。为了不让她继续再因寂寞惹“祸”，在众姐妹的劝解下，她回了上海。

还有一个同学，严格地说不能算同学，初中是我们隔壁班级的，因为一个姐妹淘GRACE才和她有过几次照面。我连她的名字都叫不出。初中时，那个同学在我眼里就是个假小子，完全是男孩儿模样，说话也是很男孩气很爽朗。我高中后，一个偶然的机会，和GRACE正在快餐店吃饭，突然一个打扮妖娆的女生走过来打招呼，GRACE大呼："是你啊！女大十八变了啊！"我只觉得眼熟，完全没将她和当初那个假小子联系在一起，勉强说服自己她们是同一个人，可还是觉得别扭。

她自来熟地坐下，开始大聊特聊，说初中毕业后已经不上学了，现在在一家服装店打工。爱上了一个有妇之夫，那人对她很好，耍脾气耍性子都能依着她。她竟然相信他爱自己，爱到会为自己离婚……GRACE嘟哝着："你确定他会离婚？"她用自欺欺人的表情说"嗯"。

当下她和那个男人正在冷战，她觉得这段畸形的爱情哪怕有结果，恐怕也走不到最后，自己的家人根本不可能接受，所以有打退堂鼓的意思。可当那个男人电话一来，她努力克制住欣喜的花痴样，我就知道一时半会是没救了。

你以为那个让你陷在爱里的男人真的十全十美、魅力无限吗？客观地看看他，普通得不能再普通，或是人渣得不能再人渣，或者谎言说得不能再像谎言……他在你面前抠个脚趾，挖个耳屎，自私胆小，缺点看在眼里……你知道，你明了，可你还是放不下。BUT（但是），你是否清楚，自己是放不下"他"，还是放不下自己对这个不该爱的人所做的"付出"？是戒不了他，还是戒不了心里有他？

说来也惭愧，曾也有个男生追我7年，他见证了我一段段感情的开始、结束，但就像骑士一样不愿离去。这其中，我有推卸不了的责任。我最大的错误就是一直想保留这段友谊，殊不知，并不是任何男生都乐于把情感埋藏甘心做喜欢的女孩子的死党的，所以，我早该意识到，一旦变味的友情，要么让我爱上他，要么就让他别爱我，没有中庸之道。这也印证了我在第一篇中说的：角色定位要清晰啊，把喜欢自己的人当成男闺密，注定就是个错误。

我尝试过跟他分析：“其实，一个人爱不爱自己，自己是最能感觉的。从眼神从语气从自然而然散发的气息……可是，我并没有感觉到你是喜欢我的。你很好强，你之所以放不下，是因为你不甘心××能追到我可是你没有，你不甘心那么多年的追求和付出。可这是笔算不清楚的账，你越是不甘心，就越是放不下，也越是会继续耗费好多年……何必呢？你是复旦高才生，何愁没有女朋友，与其浪费时间在我身上，不如发掘和欣赏身旁的美。”

但，当局者迷，他还是执迷不悟。我越是“推”，越是激起他越挫越勇的斗志。他甚至利用不低的智商破解我的网上聊天工具偷看记录，这完全突破了我的底线，跑到他家格式化掉他电脑里所有记录，丢出一个愤怒的眼神后从此和他断了联系。

虽然两个朋友最后以不欢而散收场着实可惜，但多年后我回想着往事，还是很感激他，若不是他，我“酸酸甜甜辣辣”的青春恐怕会少点什么；也觉得亏欠他，因为他，把最纯情的7年用来喜欢我，在我最没自信的时候给我献上玫瑰……

朋友们，体验是好事，不管好的、坏的。可得给自己一个

DEADLINE(期限）和BOTTOM LINE(底线)，无休止地沦陷，不但磨人，磨得自己都看不清内心真正的独白，磨得让旁人看不清你，也会让你错过真正属于你的MR.RIGHT/MISS.RIGHT，拖延你该有的幸福。

深深陷在错误的感情里，只会一叶障目，又何谈领略更美更辽阔的风景呢?

2. 时间错了

错误的感情要及时悬崖勒马，那在错误的时间遇到的感情，又该如何释怀呢?

有些朋友困扰：万一我结婚后爱上了别人，怎么办?

在正经分享经验之前，先不正经地回答一句：不要相信在野党，执政以后都一样。(哈哈哈哈)

接下去这个故事，是关于我自己的，一场美丽的遗憾，勇敢地写出来，让大家“笑话”一下。

看了前几篇的朋友都知道，我在2014年4月12日参加了我们初中同学聚会，很幸运在聚会上重遇了初一时的男神，这个“和12年前长得一模一样”的男人，还是那么小帅，要命的是，居然还单身。我和这位男神的缘分就两个字——“错过”，初一的时候他喜欢我，可我暗恋着别人，初二的时候，我喜欢他，可他已经中意上别人……

12年后，在同学聚会前半个月，我们通过微信群重新获得了联系，私聊了一下各自的近况，然后回忆了一下那段“遗失的美好”。聊着，发现，他是全班唯一和我同一所初中、高中、大学的同学，竟然连这样我们都没有走到过一起。

他小时候暗恋我这事，从来没告诉过我，我是通过其他女同学透露才隐约知道的。他在同学心目中一直就是个傲娇的存在，流川枫类型，冷酷得要死，对其他女生几乎不搭理，唯独当时还有兴致捉弄捉弄我……我在初二时是有向他表白过的，可惜被拒绝了，还记得那时下着绵绵小雨，告白的时候，我正巧站在屋檐底下，被拒绝的时候，一滴大大的雨水很应景地落在了我头上，那种感觉就跟你正在做一件急需形象的事但此时有一颗鸟屎不安分地掉在你头上差不多……我想，我当时一定非常狼狈……至少我的记忆如此，可他貌似完全忘了有这事，以至于我在怀疑是不是我得了严重的健忘症。

同学聚会当天，游戏环节，他抽到了一道“真心话”——初中暗恋过哪个女孩子？就在那天，我得到了晚了 12 年的告白——“我……我以前……喜欢过……童……童小言……”

大方拥抱，定格了那一刻的照片被同学们传到了我俩的手机上，那是种什么感觉呢，我也说不清楚。

数天后，几个老同学约唱歌，我和他又见面了。大家边唱边聊，边喝啤酒边吃炸鸡……等结束，大家都微醺了，我也喝得小脸红彤彤的（这里的关键词是“小脸”，谢谢 ~），作为唯一的男生，他负责打的送每位女生回家，最后下车的是我。他没有送我到家门口，而是送我到了我们那所初中的校门口。这是我的提议，他也很自然地答应，貌似有种心照不宣的默契，也许是我们心底都想要祭奠一下那段“错过”吧。校门已经关了，我们靠着学校的铁门，默默地朝里看……接着，互相看一眼，淡淡地笑了……

他拿出手机，我们就坐在学校门口的台阶上，静静地看完电影《致青春》，五味杂陈。我打趣地说："如果哪天不幸在新闻里看到我单身了，要是你那时也碰巧单身，记得来找到我。"他点头，回说："祝你幸福！"然后，相视而笑，SAY GOODBYE（告别）……再也没有私下联系过。

像花儿一样的美好就是如此，带着遗憾地开放。

几天后，我回台湾向林先生说起这事："12 年前错过一次，12 年后，我已婚，他还单身。"

林："唉，又错过了。"

我："你说，哪有聚会是 12 年聚一次的，不应该是 10 年一聚吗？要是早两年聚，那估计就没你什么事了。"(偷笑)

林："……"

佛家有一个有意思的小故事：小和尚跟老和尚下山化缘，在河边遇到一个不敢过河的姑娘。老和尚对姑娘说："我背你过去吧。"于是就把姑娘背过了河。小和尚惊得瞠目结舌，竟未敢问。两人又走了二十多里路，小和尚实在忍不住了，就问老和尚："师父啊，我们是出家人，怎么能背那个姑娘过河呢？"老和尚淡淡地说："我把她背过河就放下了，你怎么背着这事儿走了二十多里地还没放下呢？"

追求需要勇气，放下更需要勇气。与君共勉。

3. 失恋怎么治?

在《完美逆袭 I》里我提到自己的两段错误的感情，其中一个几乎让我成了“小三”。我很庆幸当初自己选择了放弃，因为从一个人的修为就可以看出这个人的前景，别妄想一位渣男带你逆袭。若你是个渴求上进的女子，就别把时间浪费在错误的人身上。

最终证明，我的选择是对的————

失去交集几年后的某天，我在 QQ 上看到他，想说那么久了，打声招呼没差，于是就“扣”了他：“Hi。”

他回：“最近好吗？”

“还不错。你呢？”

“我就那样啊。”

“在哪里高就？”

他就吧啦吧啦地回复，意思就是混得也不差，其实我也就随便听听，无所谓信或者不信。

终于，他最后一句话，使我把他拉进了黑名单。

“不好意思，童童，你可不可以借我 500，刚才钱包掉了，过两天领了报销就还给你。”

那是在我们毕业两年后发生的网络对话。懂我说的了吧？我当初慧眼识“蛀”吧？我看死他不是因为他问我来借钱，而是，拜托！毕业两年了，他这家伙还来问我借 500 块啊？说明 500 块对他来说已经是个需要周转的数字，他要是来问我借5千，我也不至于觉得他那么没出息，短短几年，和我的差距已经那么大了……

当时为了放下他，我选择的是去旅行。每个人可以选择最适合自己的方式，而不是任由自己把他的号码清了存，存了清，把和他的聊天窗口开了关，关了开，把给他编辑的短信写了删，删了写……自我犯贱等于自作孽，哭傻了都得不到半点同情。

单身是会习惯的，但当心里平静惯了，再遇到个有感觉的，那更是如飞蛾扑火，纵使之后发现时间错了、人错了，也不愿回头。因为不是舍不得放下他，而是舍不得放下那种久违的喜欢的感觉。

我的老同学ANGELA在英国，久居异乡，铁定空虚寂寞冷。从她的微信朋友圈可以看出，应该是陷在了“要不要把渣男留住”的问题中，每天英国时间睡前发的永远是“悲伤”“难过”“痛苦”“无助”，分享伤感的音乐，第二天早上又变身自我激励“我一定要重新开始”“FOCUS（专注）在工作上”，PO上（发布）练毛笔字的照片配上“静心”两个字……

实在看不下去，我就微信“敲”她：“你一个人在国外，不要憋太累。日子是自己过，不用太在乎别人的看法。压力大了，哭就哭了，自己舒服就行。”

她回复：“唉，被发现了啊，其实我已经大哭特哭过好几次了。没什么，只是感情上不那么顺心。我什么都可以忍受，但就是爱情会把我击败。”

我:“不合适就果断放弃。”

ANGELA:“所有事情成与不成，很多是取决于身边这个人。”

我:“你那是因为在国外，容易害怕一个人。有些人一次这样，下次还会让人失望。与其委曲求全，不如就让自己忙起来没空想那些。当然，你在国外，这一步肯定更难。”

ANGELA:“对，你说得很走心。”

接着我给她支招:“你可以试试看韩剧，‘思密达剧’是女人的精神鸦片，很容易对男主角寄托情感，因为刻画得太完美。正常人不要尝，但你需要以毒攻毒。”

ANGELA 不领情:“我没这爱好，浪费时间。”

我:“把心和时间放在一个不靠谱的男人身上更浪费时间。”说完这句话，我觉得“思密达国”应该给我颁奖，随着书的畅销，这得多带动韩剧收视率啊……接着，我还补了一句给她:“而且，浪费的不只是时间。”

曾经看过这样一则故事:古时候有一个少年与人比武，但败于人前，于是他决定上山拜师练功，他日学成后再下山与之决斗。十多年的岁月中，他谨记当日之耻，勤于练功。每一年他都会问师父:“我可以下山了吗？”师父问:“你觉得现在能够打败那个对手了吗？”他回答:“不能。”如此，每次都被师父劝下。斗转星移，岁月流逝，18 年后，他终于学有所成。师父庆贺他:“现在连师父都不是你的对手了，你的武艺已经足够精湛，可以下山了。”谁知少年说:“师父，我不下山了。”

师父浅然一笑，“为何？”少年回答：“因为一次失败，我潜心18年练功，其实我一直在输，因为这18年来我都不曾放下。如今我虽一身功夫，但只有放下，我才是彻底地转败为胜。”

失恋的人们，最好的就是找个出口寄托感情，内心坚强一点，但面子上就不要那么“坚强”了，找可信任的朋友倾诉一下，哭爽后，不要回头地往前走，走得越远越好，甩开他/她几条街，当他/她发现失去你是一种损失的时候，你早就看不上他/她了。

所以，为了今后来给他/她一个潇洒的“呸”，你一定要在离开他/她之后混得更好。懂不？

三、结婚你怕了吗？

结婚，你怕了吗？

很多女孩儿与固定男朋友谈了好一段时间了，可一直没有结婚的勇气。对正在犹豫是否要和他结婚的朋友们，就问自己一个问题：两个人在一起与不在一起相比，是加分还是减分？

记得当初我决定结婚那会儿，我一些“成功人士”的朋友们都很诧异，用他们的话说就是认为我是他们见过的难得聪明伶俐、思路清晰、胆大心细、高效能干的女孩儿（好像有点在借他人之口自夸的味道，哈哈，但是是真的。好吧，这样“坦白”总是稍微有点不要脸，别骂我……），以为我会找一个多么了不起的老公，或是以为我是那种很有可能挑着挑着就会剩下的。可我恰恰没有，而且还闪婚。

我老公并不像大家所想象的那样有多么不得了，对我来说，他善良、爱我就够了。我曾说过自己是一个无爱情不呼吸的人，但婚姻除了要有爱情，还得合拍。我和他若是两个独立的个体，也许我们的人生与之前的二十几年并不会有多大改变。我们结婚后，共同规划、互相辅佐，彼此都更加优秀，事业都有新的突破，生活也更加趋于美满。这就是 1+1>2 的选择。

有一个女孩子 BONNIE，跟我不算太熟，旅行中认识的，加了微信。每次她发的朋友圈，都让我不忍直视，心里不禁想问，她到底知不知道自己有多作。真是 NO ZUO NO DIE WHY YOU TRY（不作死就不会死，干吗非要试一试）。

首先她非常爱晒自拍，自拍的角度又选得特别没眼力，丑得像媒婆；

其次她特别爱晒外出吃饭，几乎一个礼拜，天天在外面东吃西吃；

再次她还爱晒喝酒，每天晚上，端着酒杯，边上放着一瓶廉价红葡萄酒；

更甚她尤其爱无病呻吟，貌似是一直在为了买房结婚和男朋友吵架，然后被甩，然后再谈，然后又为了买房结婚和男朋友吵架，然后再被甩……

我真想拿一面镜子放到她面前，对她说，不要再转什么“别人家的老公怎么怎么样”“别人家的男朋友怎么怎么样”的帖子然后配上文字说你的男人不够爱你。拜托！你给别人的感官是不上进、不着家、不好看，那样子让人怎么爱。

自己就那样，没有半分存款，月薪七八千还是月光族。要求男人得娶你、得养你、得买房付首付写你的名字，还得在你和她妈起冲突的时候站在你这边……要求是不是太多了呀？

女孩儿们，千万不要把自己变成一个“负项”，无论谁来加，到最后都是减。若是男人一时糊涂终于跟你结婚，之后 1+1<2，你还不满意了，觉得跟自己想象中有距离，生活怎么没有进步，反而退步了。请反思，是不是你自己带衰了他！

逆向思维来看，你挑选另一半，也不用着急看他现在有什么，而应该看他能够带给你什么。纵使他当下开着宝马，可如果和他结婚后，让你变成整天愁眉苦脸的怨妇，那他是带你做了减法，并不幸福。如果他当下骑着自行车，但和他结婚后，你们一起建立目标、一起努力、一起实现，让你变得比原来的你有活力、有精神、爱生活、爱笑……那他是带你做了加法。

一辈子，和一个让你增值的人一起，会越来越快乐。一辈子，和一个让你贬值的人一起，会越来越郁闷……一辈子很短，你选择笑到最后，还是熬到最后，都看你自己。

结婚不要怕，勇敢点，遇到那个加分项，就勇敢叠加吧。

夫妻英文叫 COUPLE，即配偶。配偶就是要配，怎么才叫配？有正向的化学效应就叫配。

BONNIE 和很多女生都会犯的毛病，就是让另一半在自己和婆婆之间选择。尤其是还没结婚，就因为一些物质上的事和婆家闹起纷争，把另一半直接吓跑。拜托，他要真选了你，这样的男人你敢不敢要？那可是生他养他的亲妈啊！

我结婚以后，才发现林先生因为一些事对他妈妈有些误会，几乎两年没有联络。换成平常的妻子是不是很高兴没有人跟你争宠，也没有婆婆来管束你了？唉，那样想，真是不够大气。

这么说吧，我夫家是个大家族，有点政商背景，早期算是一地望族。爷爷掌管家中大权，父辈有 5 个兄弟姐妹，秉性迥异，关系复杂。亲情一旦和钱财沾上边就很难再那么纯粹了，多多少少在惦记着祖父的财产。林先生是家中长孙，也是英年早逝的长子唯一的儿子，别以为他会因此集万千怜爱，恰恰相反，反而汇聚了众多觊觎和算计。因为在台湾，传统观念而言，长孙对于一个家族来说就像是小儿子一般。

若是分家，假设一家有两个儿子，不考虑特殊情况的话，家产会均分为3份，两个儿子和长孙各一份。联想到古代的皇亲贵族，大家可以明白为什么那些嫔妃佳丽要争生儿子尤其是第一个儿子了吧？懂得为什么会有狸猫换太子这个典故了吧？

在这样的家族，本就是有势力者占优势。对于耿直且清高的林先生来说，孤军奋战，真不是上策，甚至连自保都难。若是他的亲妈都不站在他这边，那何谈培养势力。作为一个好妻子，难道不该为丈夫的兴荣筹谋吗？

加上我来自一个单纯的四口之家，习惯了温馨、友爱、自在的小家庭，对大家族不太能适应。什么“家产”、什么“长孙”、什么“分家”，这些对我而言像是在看女明星们的豪门八卦或是想象中的台湾八点档电视剧……无论在什么样的家庭，我还是希望保持最基本的母慈子孝、相亲相爱，这样的家庭氛围不但能让家庭成员包括我自己每天愉悦度日，更能够给下一代一个好的成长环境。

基于上述两个初衷，我努力地帮林先生和婆婆消除彼此的误会，大约用了半年时间，现在他俩已经几乎无话不谈了。他们那么好，难道不是我的一份功劳吗？又难道会忽略我的好吗？

在这个传统的家庭，林先生是目前为止第一个娶了大陆太太的人，因此我在很多方面会为他考虑，不做让大家能够“借题发挥”的事儿。

所以尽管不愁吃穿，我和老公也并没有在过大家想象中的那种奢靡的豪门生活，而且，我还会把我在魔都成长养成的观念分享给林先生听，叫他看淡家族的东西，保持平和的心态："顺其自然，不去惦记就不会纠结，祖辈的财富是祖辈的财富，分多分少到自己头上不用去苛求。最差的情况也不过就是我们只分到 XX，比同年纪的来自一般家庭的男生女生们已经要好多了，再加上我们有自己的事业……"

在这样的环境中，我们仍能够如此豁达淡然其实真是很难得，如果那些亲戚们也能如此，或许整个家族会美满很多，祖辈也会舒心地安享膝下承欢的乐趣。插一句，所谓豪门，其实是一种对金钱的迷思罢了，世上没有完美的事，得到必然伴随着失去，只是看你更重视什么。

恋爱是两个人的事，婚姻就是两家人的事。爱你的先生，就辅助他解决困难，帮他变得越来越好，你才能越来越好，才叫作 1+1>2。若是你是个帮他制造问题的太太，OMG，他估计要面对你就已经很头痛，又哪里来精力去处理更有意义的事业，创造价值。

真是家家有本难念的经，清官难断家务事。

我朋友 LILY，嫁到异乡，原本对婚姻生活的憧憬却在婚后不久就被拉回现实面，尽管老公很爱她，但她不得不面对三个性格迥异斤斤计较的小姑，不禁让她苦恼。她老公是单亲家庭，家里几个孩子主要由母亲带大。可能是缺少父爱吧，加上母亲又忙于工作而疏于对孩子们的良好管教，再加上整个家庭对于金钱的观念，孩子们都格外自我，彼此的情谊淡漠到连外人看了都寒心。三姐妹尤其自私，对家里唯一的男孩特别计较，甚至充满敌意，总是怀疑母亲偏心他，以至于逮到任何一点鸡毛蒜皮的破事都要大做文章，嚷嚷得亲戚间都知道。女孩子之间的情谊在出现同一个“敌人”时滋长得极快，团结得连他们的婚礼都集体缺席。当时我在她的婚礼上问她婆婆：“哎？怎么没有见到LILY的小姑们？”她婆婆尴尬地笑笑说都在忙没时间。LILY也在边上半阴沉着脸……我虽然没有见过她这三个小姑，但后来看了照片，真的觉得“相由心生”这个道理——要知道，善妒计较怎么可能会让人美呢？心不正则气弱，听说这三位女孩的生活和事业一直没有突破，反而经常“摔跟头”，这也许就是不够开阔所带来的苦吧。

对LILY来说，尽管她们都没有来参加自己的婚礼让她心里多少有点堵，刚结婚那会儿也曾努力尝试修复老公和姐妹们的关系，但是发现这根本就是由无数解不开的结、千万次鸡同鸭讲的沟通和各人自私的小算盘所堆积起来的“毛病”，无法治愈，只得作罢。而且很多话，女儿讲得，媳妇讲不得；很多事，女儿做得，媳妇做不得。有心但无力。她找我谈心：“童，你知道我从一个其乐融融的温暖小家嫁到一个割据计较的大家庭的落差吗？”

“我了解，我也是远嫁，所以对类似的婚姻心情很能体会，一般一开始的不安全感比近距离结婚要浓，毕竟觉得自己孤身一人到另一个地方，远离自己原本的工作生活圈，一切仿佛都要重新开始。所以，这时对方家庭的氛围和容纳度会很大程度上影响新成员的幸福感。”我继续问：“你老公对你好吗？”

“嗯，好。他挺宠爱我的。”

“那你婆婆对你好吗？”

“还不错。”

“你三个小姑也和你们住一起吗？”

“没有，三个小姑中两个已经出嫁，剩下一个住一起，不过她因为体形十分肥胖、大龄剩女没有恋爱，所以性情狂躁，稍有不顺心很容易翻脸，连婆婆都跟我说她脾气很坏，而且非常善于嫉妒。好在她因为工作关系在家的时间和我们是错开的，哪怕她在家也是一个人关在自己房间里，几乎不和大家交流，更不一起吃饭。这恐怕也是另一种幸运吧，不用与她周旋……”她叹了一口气，“唉，‘历史问题’积重难返，既然成不了亲人，为防止关系恶化，那就只能当成没有交集的陌生人了。”

听到这里，我也是一脸怅然，其实她说得也对——关系的建立是相互的，沟通如果没有平台，只会多说多错，多做多错。应该珍惜已经有的，比如老公的爱。而对于其他，能争取就争取，不能争取也不强求，是否能成为亲人也是一种缘分。

即将结婚或者刚结婚的小姐妹们聚在一起常讨论的话题，这里我也问问你：如果能选择，你是愿意和老公单独住公寓，还是和公婆一起住别墅？

我选择前者，因为很多问题要防患于未然。要知道，你和你妈在一起尚且有拌嘴的时候，你的牙齿尚且会有咬到舌头的时候，同样生活在一个屋檐下的两个人怎么会有不吵架的。可母亲对自己的小孩是无限包容的，她不会计较你的一时口快，你的气话失言。你恐怕也记不得你上次被牙齿咬到舌头是什么时候吧。可婆婆……我只想说，能不能被包容只能看你婆婆的胸襟了。

多接触则多摩擦，以防万一，还是保留些距离美比较好。礼数周到地孝敬恐怕好过把婆婆误以为亲妈地撒娇后得到一地鸡皮疙瘩的哆嗦。和人争执就像是在他们心里种钉子，纵使后面想方设法拔除，也会留下一个个难以抚平的洞。而公婆是你爱的他所 CARE（在乎）的人，所以，你最伤不起的，恐怕就是他们了吧。

不打算单身主义到底的女孩都会有披上婚纱走进一个新家庭的一天。会面临新的惊喜、新的烦愁。如果有可能，我是很希望女孩子们在结婚前能够考察清楚对方的家庭氛围和价值观是否与你相 MATCH（匹配）。天天喝咖啡的人和天天吃大蒜的人在一起，喜爱听意大利歌剧和喜爱听东北二人转的人在一起，没有谁比谁高级，只是能不能容得了对方的习惯，不是一秒钟，而是一辈子。有没有共同的语言，有没有一致的追求，共识是否大于分歧，才是关键。

其实古话说的并不是没有道理——门当户对。灰姑娘嫁给王子、公主爱上青蛙的偶像剧你只看到了有情人终成眷属的那一刻，但这并不是大结局，婚后的柴米油盐、婆媳关系、价值观差异、子女教育分歧……这后面的 50 年才是真实的生活。如果夫妻两人从小的成长环境、所接受的教育都很悬殊，那靠一开始的那点荷尔蒙反应恐怕维持不了多久，若非互相包容互相体谅，爱情早晚在琐碎中渐渐耗尽。当然，道理大家都懂，可女孩们多数不会听，还是继续跃跃欲试。

跃跃欲试的勇气来自两个方面：

一是因为爱。这很有胆量，结婚是一个 DECISION（决定），偶尔需要那么点“冲动”，越考虑越犹豫。激情迸发，结婚，抱着天长地久的决心。可婚姻是需要慢火“熬”的，如何把来自两个家庭“碰撞”而出的酸甜苦辣调成值得回味的佐料又是一门艺术。家长里短的电视剧不在少数，吵吵闹闹的生活题材也屡见不鲜。可能你有的问题人家没有，人家有的问题你没碰到。身在其中，不把问题过分放大才好，当下再严峻之后都会过去。就像做英文填空题一样，可能你的答案不是最精确的那个原文单词，但只要这个词也能让上下文通顺，那也不能判你错。有的时候出路有很多条，不执迷、不狭隘，总能找到出口。也许那出口比最完美的情况不完美那么一点，但这不就是生活吗？更何况，你终于还是克服了。

另一是想“上位”。都说事业是女人改变人生的一个渠道，而婚姻是另一个。所以纵使知道豪门不易驾驭，还是有无数大胸长腿的女孩整成尖下巴挤破头想进去，可这样的往往不会让富二代或者小开们有娶的决心，哪怕有了结婚的念头也很难过公公婆婆那关。头破血流之后才懂得收手却已在圈子里声名狼藉。真的如愿以偿的，能否收获幸福都看自己的情商了。截然不同的两个 LEVEL（水平）的家庭走出的孩子，最容易迸发矛盾。矛盾的尖锐程度因人因事而异。层次高的那位就会有优越感，也就不习惯让步，所以，你要做好让步的准备，甚至是无底线的让步。《金粉世家》中冷清秋的结局令人唏嘘吧？没有对和错，就是相差太远的两个人就算一开始因为一点心里的悸动在一起，也终会因为“无法调和的差距”而分开。想借助婚姻“逆袭”的女生真的得平衡得失：自我重要还是为了充满名牌的生活委曲求全重要？自由在你心里的定义是 BE YOURSELF（做自己想做的自己）还是 BUY WHATEVER YOU WANT（买自己想买的东西）？

小美女 CATHERINE，和我风格十分接近，是青春上进有思想有活力的人。她爱大都市、外企那种敦促自己不断进步的节奏，安逸悠闲反而让她觉得找不到自我。那时我们常聚在一起分享生活，聊说哪怕以后结婚了也不能放弃事业，要独立、当新时代女性。所以，当这样性格和思想的她碰巧嫁到一个与之不搭调的观念传统的小豪门的时候，摩登的心在忍耐一段时间后终于忍不住反叛所谓的小贵妇身份，不想被长辈们天天念叨要求生孩子，她甚至搬到了另一个城市。她说：“我和老公有自己的规划，我们对自身的要求还没有达到，对未来还有更多的期许，不想为了迎合别人去生孩子。”

“豪门易嫁不易驾。”女孩们别觉得在无数难驾驭的豪门望族里自己一定能够觅上那 1% 的完美豪门。别说我泼你冷水，家家有本难念的经，小家庭尚且有不太平的时候，大家族哪会风平浪静?! 人多，复杂系数就高。要摆平所有人和事，智商情商都要高之外，运气还得极好，更要抱着牺牲的精神，要知道你的“自我”在豪门眼中就跟空气一样，“观念差异”对他们来说也可能是没教养、不识大体的一种表现。利弊权衡，你们自己看吧。再说了，用我以前说过的一句话——想嫁那么好的豪门，那你有什么？人家凭什么选你？就凭你是艺校毕业、尖下巴、长腿、E 咖模特、脸上的粉比炸鸡外的面粉还厚？

很多人只留意到你的鞋子好不好看，可你才感受得到脚舒不舒服。纵使钻石再大颗，指环不是你的 SIZE，还是戴着别扭，它比 FIT 的小分钻戒更容易丢失。

我还是一枚婚姻新秀，也没有多少经验分享。本来爱情和婚姻就没有什么一定对或者一定不对的道理。每个家庭的故事都是一部长剧，你、我、他既是演员也是编剧，而结局在每个片段的演绎连接下不停地变。

小憩

人问：凭什么你可以逆袭？

我答：如我在第一本书里说的，人和人的差距就是在生活的细节中越来越大。

有些朋友之前没读过我的书，只是零星看过一些报道，便把我的一些成绩都归功在“嫁了个大家族”。蜕变好像发生在一瞬间，如顺手推开门一般——不费吹灰之力。尽管在第一本书里写出了前27年的逆袭心路历程，原本“工地上的女孩”，在人生的每个选择中，串出一条属于自己的路；那些微不足道的细节，连接起来却起了蝴蝶效应，给自己筑出通往梦想天国的阶梯……但还是会有人嗤之以鼻——嘁，这有什么。

如果《完美逆袭Ⅰ》里是把童言的故事按照时间发展娓娓道来，那在这本书里，我毫无保留地分享心得，渗透方方面面，无论是事业还是感情。于是你们发现，原来破茧成蝶之前，积累了太多太多。童言有的态度，你未必有；童言有的坚持，你未必有；同样的事情，你来处理，未必是这个思路；同样的机会，放在你面前，你也未必看得上……

为什么很多人会“听过了许多道理，依旧过不好这一生”？

因为很多人分不清哪些是适合自己的道理；

因为很多人听过了道理、点头认同却转身就忘。

很多人，阅了许多书，长了几分智商，情商却从未动过。估不准天时、找不对地利、达不成人和，自己啃书的方式不对，到最后还丢出一句：读书有个鸟用。其实到一定程度，大家智商都差不多，成功与否，全在情商。可这，恰恰是最难修炼的。

还是老话，我不聪明，也不漂亮，但我愿意直视自己的缺点，挖掘自己的优势，勤于修炼你们没有留意或者不屑的地方。

现实很“现实”，我们有许多事无可奈何也无能为力，改变不了世界，改变不了周遭，但至少我们可以改变自己。而向上的改变，就是逆袭。

如果有人问，你的书是写给女生看的吧？我“呵呵”两声——男生不需要逆袭吗？

常有人说“女人的黄金年龄很短，只有22~26岁，男人就不一样，到了30、40岁照样不着急”。其实男人的黄金年龄更短，只有16~18岁，在这段时期的他们，长得帅会有人喜欢，打球厉害会有人喜欢，学习好会有人喜欢，玩乐器会有人喜欢，但到了30岁以后只要他没钱，就很少有人喜欢了！（这小段摘自网络）

别以为女人多，男人少，物以稀为贵，男人不愁没人要。人家稀罕的可是“在金字塔尖”的男人，不是在金字塔底堆沙子玩的男人。别再溺在这些旧思想里YY（意淫）故步自封，拜托！

知道为什么现在有那么多不论性别的“齐天大剩”吗？

个人认为：女人剩下，大多是主动剩下，不想将就，自己够优秀、经济独立、能养活自己，看不上就宁愿单着。而男人剩下，大多是被动剩下，女人不想将就，女人自己够优秀、经济独立、能养活自己，不被看上就单下了……

究其原因，我的分析是——

成长环境不同早期了，我们这一代，大多是独生子女，家里就一个孩子，享有所有资源，该受的教育、该看的世界，女孩都不会比男孩少。所以，如今男生和女生总体的优秀程度是持平的，但是传统观念里，女生又会觉得另一半应该要优秀于自己。这是和西方差别蛮大的地方，在国外，女人打拼、男人持家的多的是，他们也觉得十分正常。但在我们这里，时代现状和传统观念的矛盾，造就了现在女生的“所谓挑剔”和现在男生的“越来越难被看上”。

这说明什么？这说明，男生更要“混”出名堂了！连女生们都在积极补课“逆袭”，男生若是不更抓紧、不更用心、不更努力，那不就直接被甩开几条街了吗？说句毒舌的，不够优秀，就别怪自己一辈子“备胎”的命。

逆袭是项全民运动，谢谢！

这一篇，叫“小憩”。为什么？

是的，《此刻决定蜕变》还没结束，在下一本书里，我将继续从战略及战术的层面与你们分享：人脉主义、势力派，怎么融化子弹，怎么做个幸福贪心鬼，要练就哪些不一般的本事，还从五个鲜有的角度切入告诉你对步步惊心的世界该如何步步为营……敬请期待与支持吧！

休息，休息一会儿，我们很快再相见。

最美的时刻

爱尔兰人民说：世界上有两样东西不能开玩笑，一个是婚姻，另一个是马铃薯

爱 不解释

和老公甜蜜下午茶

那一刻在化妆室的等待

携手踏遍千山万水

看到两只脚丫子了吗？ 静看山水~

图书在版编目(CIP)数据

此刻决定蜕变 / 童言著. -- 桂林 : 漓江出版社,2014.11
ISBN 978-7-5407-7340-3
Ⅰ. ①此… Ⅱ. ①童… Ⅲ. ①女性 - 人生哲学 - 青年读物 Ⅳ. ①B821-49
中国版本图书馆CIP数据核字(2014)第234857号

此刻决定蜕变

作　　者：童　言
策划统筹：符红霞
责任编辑：王欣宇　王成成
内文设计：黄　菲
责任监印：唐慧群

出 版 人：郑纳新
出版发行：漓江出版社
社　　址：广西桂林市南环路22号　　邮　　编：541002
发行电话：0773-2583322　　010-85891026
传　　真：0773-2582200　　010-85802186
邮购热线：0773-2583322
电子信箱：ljcbs@163.com　　http://www.Lijiangbook.com
印　　制：北京盛源印刷有限公司
开　　本：889 × 1230　　1/32　　印　　张：7.25　　字　　数：12千字
版　　次：2014年11月第1版　　印　　次：2014年11月第1次印刷
书　　号：ISBN 978-7-5407-7340-3
定　　价：30.00元